—————————

Referent: Professor Dr.-Ing. P. Riebensahm
Korreferent: Professor J. Hanner

—————————

Die Arbeit erscheint auch unter dem Titel
Eisenguß in Dauerformen

Springer-Verlag Berlin Heidelberg GmbH

Lebenslauf.

Ich bin geboren am 25. Januar 1900 zu Gleidingen, Kreis Hildesheim, als Sohn des Lehrers J. Janssen und besuchte in Hannover-Linden drei Jahre die Volksschule und danach acht Jahre das humanistische Gymnasium, das ich am 21. 4. 1917 mit dem Zeugnis der Reife verließ. Nach einjährigem Hilfsdienst bei der Preußischen Eisenbahnverwaltung wurde ich am 21. 6. 1918 zum Heeresdienst beim Preußischen Infanterieregiment 74 eingezogen.

Nach Beendigung des Krieges und meiner Entlassung vom Militär begann ich in Hannover das Studium für Maschinenbau, machte hier im Herbst 1920 mein Diplom-Vorexamen und ging dann nach Charlottenburg, um mich für das Gießereifach zu spezialisieren. Aus diesem Grunde wählte ich auch für meine vierzehnmonatige praktische Tätigkeit in erster Linie Gießereibetriebe, u. a. die A.-G. für Hüttenbetrieb, Duisburg-Meiderich, die Stahlformgießerei des Siegen-Solinger-Vereins, Solingen, die Zylinder-Gießerei der Hanomag, Hannover-Linden.

Nachdem ich das Diplomexamen für Eisenhüttenkunde an der Technischen Hochschule Charlottenburg mit „gut" bestanden hatte, trat ich am 1. 1. 1923 bei der Firma Ludw. Loewe & Co. A.-G., Berlin, als Erster Gießereiassistent ein. Im Jahre 1925 machte ich für die Firma eine Studienreise nach den Vereinigten Staaten von Amerika, um das Dauerformverfahren der Holley Carburetor Co., Detroit Mich., zu studieren und in Deutschland einzuführen.

Am 1. 7. 1927 ging ich zu den Buderus'schen Eisenwerken A.-G., Wetzlar, um hier an der Inbetriebnahme der Schleudergießerei für Druckröhren mitzuarbeiten. Ich hatte in dieser Stellung zunächst die metallurgischen Fragen zu untersuchen und erhielt im Juli 1928 die Leitung des gesamten Schleudergießereibetriebes übertragen.

Am 1. 5. 1929 trat ich wieder in die Dienste der Ludw. Loewe & Co. A.-G. über, um im Auftrage dieser Firma zunächst eine neue Studienreise nach den Vereinigten Staaten zu machen und danach den Gießereibetrieb der Firma zu rationalisieren.

ISBN 978-3-662-27045-5   ISBN 978-3-662-28524-4 (eBook)
DOI 10.1007/978-3-662-28524-4

Inhaltsverzeichnis.

Einleitung.

Man hat in der Gießerei seit vielen Jahren versucht, das zeit- und geldraubende Zerstören und Neuanfertigen der Formen nach jedem Gusse zu sparen und solche Formen bzw. Formstoffe zu finden, die die Erzeugung von mehreren oder sogar beliebig vielen Abgüssen gestatten. Insbesondere in neuerer Zeit hat der gesteigerte Bedarf an Massenartikeln die Benutzung von Dauerformen wieder aufleben lassen, und es ist zu erwarten, daß bei fortschreitender Normung ihre Anwendungsmöglichkeit weiter erheblich gesteigert werden wird. Im Augenblicke ist der Stand der Dinge der, daß in der Gießerei ein Wettkampf zwischen Dauerform und Formmaschine herrscht, d. h. man versucht vor der Hand noch, durch Vervollkommnung der Formmaschinen und insbesondere durch Mechanisierung der Transporteinrichtungen das übliche Sandformsystem auszubauen und zu halten. Man ist sogar vielfach von der Dauerform wieder zur Sandform zurückgekehrt; denn den bisher bekanntgewordenen Dauerformverfahren haften tatsächlich noch recht viele Mängel an, so daß — wenigstens was den Grauguß anbelangt — die Sandform der Dauerform noch durchweg durch größere Zuverlässigkeit und Betriebssicherheit überlegen ist.

Aber es wird an vielen Stellen mit Eifer an der Weiterentwicklung der Dauerform gearbeitet, und es ist interessant zu beobachten, wie dabei häufig der Formstoff der Dauerform zur Ausbildung ganz neuer und abweichender Arbeitsverfahren gegenüber der normalen Arbeitsweise mit Einguß und Steiger geführt hat. Dahin gehören insbesondere der Spritzguß für Zinn-, Zink- und Aluminiumlegierungen und der Schleuderguß für Rotationskörper hauptsächlich aus Eisen- und Kupferlegierungen. Während diese beiden Herstellungsarten schon zu einem gewissen Erfolge gelangt sind und bereits vielerorts wirtschaftlich betrieben werden, ist der Dauerformguß mit Einguß und Steiger durchweg noch in der Entwicklung begriffen. Aber auch hier werden die bestehenden Schwierigkeiten sicherlich in absehbarer Zeit überwunden werden, so daß die Dauerform eines Tages die Sandform verdrängen wird, wo nur immer eine hinreichend große Anzahl von Abgüssen die einmalige kostspielige Herstellung einer Dauerform lohnt. Entscheidend wird für diesen Sieg der Dauerform die Ersparnis an Löhnen sein, die durch den Fortfall der Formarbeit erzielt wird.

Der Verfasser, der beruflich Gelegenheit hatte, vier Jahre lang in den verschiedenen Arten des Dauerformgusses praktische Erfahrungen zu sammeln und die diesbezüglichen Verhältnisse in den Vereinigten Staaten von Amerika gelegentlich zweier Studienreisen in den Jahren 1925 und 1929 zu studieren, will versuchen, in der vorliegenden Arbeit einen Überblick über die Entwicklung des Dauerformgusses bis zum Jahre 1929 und seine Zukunftsaussichten in der Eisengießerei zu geben. Besondere Sorgfalt ist darauf verwendet, bei den wieder aufgegebenen Dauerformverfahren den Gründen an Ort und Stelle nachzuspüren, die zur Aufgabe der Verfahren geführt haben, und diese Gründe ausführlich darzulegen, um so die Gießereien nach Möglichkeit davor zu bewahren, aus Unkenntnis über die Vorgänge immer wieder dieselben Fehler bei ihren Versuchen mit Dauerformen zu machen. Eine Reihe von eigenen unveröffentlichten Versuchsergebnissen über den Temperaturverlauf in der Formwand während des Gießens in Dauerformen und über die im Zusammenhange damit stehenden Veränderungen des Materials in der Forminnenschicht bilden einen wesentlichen Teil der vorliegenden Arbeit.

A. Dauerformen für Metallguß, insbesondere das Spritzgußverfahren.

Wenn man über die augenblickliche Verbreitung des Dauerformgusses einen allgemeinen Überblick gewinnen will, ist es zweckmäßig, bei den leichtschmelzenden und daher auch leicht zu vergießenden Metallen zu beginnen. Es sind dieses Zinn und Blei, deren Legierungen zwischen 200 und 300° C schmelzen. Ich glaube, Zinnfiguren sind nie anders als in metallischen Dauerformen gegossen worden; jedenfalls hat ihre Erzeugung in zweiteiligen Metallformen mit entsprechenden Luftschlitzen nie ernste Schwierigkeiten gemacht. Beim Zinn ist man daher auch zuerst auf den Gedanken gekommen, sich nicht mit dem üblichen Gießen zu begnügen, wobei die in der Form enthaltene Luft durch das eindringende Metall in demselben Maße aus der Form verdrängt wird, wie dieses die Form allmählich füllt. Man ließ den Steiger fort, machte statt dessen die Teilfläche möglichst dicht und drückte das flüssige

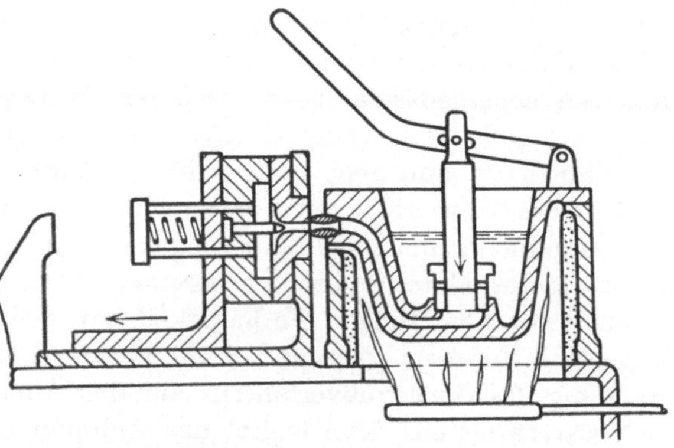

Abb. 1. Spritzgußmaschine mit Kolbenpumpe.

Metall mit Hilfe einer Kolbenpumpe in die Form hinein (Abb. 1). Wenn man vor dem Gusse auch noch die Luft aus der Form saugte, so zwang das in der Form herrschende Vakuum das Metall beim Öffnen des Eingusses, die Form gleichsam schlagartig zu füllen, so daß auch die feinsten Feinheiten der Form absolut genau und maßhaltig wiedergegeben wurden.

Besonders dieser letzte Vorteil zog die Aufmerksamkeit der Gußverbraucher auf sich; denn er ermöglichte, kleine Gußstücke mit so großer Genauigkeit zu gießen, daß auf die nachträgliche Bearbeitung gänzlich verzichtet werden konnte. Man hat daher dieser besonderen Art von Dauerformguß den Namen Fertigguß gegeben, weil die Teile tatsächlich keiner Nacharbeit mehr bedürfen, sondern fix und fertig aus der Form fallen. Daneben bezeichnet man den Guß auch als Spritzguß, um damit zu kennzeichnen, daß bei diesem Verfahren das Metall mehr in die Form eingespritzt als gegossen wird. Die im Spritzguß üblichen Zinnlegierungen enthalten neben diesem Metall 8—56% Blei sowie zur Erhöhung der Festigkeit durchweg 13% Antimon und 4% Kupfer[1]. Die Festigkeit schwankt zwischen 7 und 9 kg/mm². Diese niedrige Festigkeit und der Nachteil, daß die Gußstücke schon bei 160° C wieder zu schmelzen beginnen, führte alsbald dazu, nach einer festeren und höher schmelzenden Legierung zu suchen.

Der Spritzgießer wandte sich daher dem Zink und seinen Legierungen zu, das als besonderen Vorteil noch eine beträchtliche Verbilligung des Erzeugnisses brachte. Denn die Preise von Zink und Zinn verhalten sich ungefähr wie 1:9. Der höhere Schmelzpunkt der Zinklegierungen (400—450° C) bedeutete keine beträchtliche Erschwerung des Verfahrens. Dagegen mußte man erst längere Zeit nach den richtigen Legierungselementen suchen. Denn die Erfahrung lehrte, daß die Gußstücke bei gleichzeitigem Zusatz von Aluminium und Zinn im Gebrauche stark korrodierten und sich verzogen. Seit dieser Erkenntnis verwendet man entweder 5—25% Zinn oder 4—5% Aluminium, und daneben noch jedesmal 3—4% Kupfer als Legierungszusatz für den Zinkspritzguß. Die Zerreißfestigkeit beträgt nunmehr 10—12 kg/mm² bei Zinnzusatz und über 20 kg/mm² bei Aluminiumzusatz.

Größere Schwierigkeiten ergaben sich später bei dem Versuche, auch das Aluminium und seine Legierungen zu spritzen, denn der Schmelzpunkt dieses Metalles beträgt bereits 657° C. Da das flüssige Aluminium vor allen Dingen die Fähigkeit hat, den Baustoff der Schmelztiegel und Formen, Eisen und Stahl, zu lösen, hat die erfolgreiche Anwendung des Spritzgußverfahrens auf das Aluminium einige Zeit auf sich warten lassen. Man legiert das Aluminium entweder mit 6—8% Kupfer und kleinen Mengen Nickel oder mit 11—13% Silizium (Silumin) und erhält mit diesen Legierungen Festigkeiten von 20—25 kg/mm². Trotz der erwähnten erheblich größeren Schwierigkeiten in der Fabrikation ist der Aluminiumspritzguß dem Zinkspritzguß hinsichtlich der Festigkeit also kaum überlegen, so daß dieser sich gegenüber dem Aluminiumspritzguß begreiflicherweise erfolgreich behauptet. In Amerika will man nach Angabe von Sam Tour[2] sogar Zinklegierungen mit 38 kg/mm² Zerreißfestigkeit gefunden haben, so daß nach derselben Quelle im Jahre 1928 die Produktion von Zinkspritzguß in den Vereinigten Staaten auf 45000 t gestiegen ist, während vom Aluminiumspritzguß, der eine Zeitlang schon mehr als Zinkspritzguß verlangt wurde, im gleichen Jahre nur 9000 t erzeugt wurden.

Der Grund hierfür liegt, wie erwähnt, in der schwierigen und kostspieligen Herstellung von Aluminiumspritzguß. Während man beim Zink noch mit der einfachen Kolbenpumpe auskam, mußte man beim Aluminium durchweg Preßluft mit einem Überdruck von 30—60 at auf den Spiegel des flüssigen Metalles drücken lassen, um das infolge seines höheren Schmelzpunktes beträchtlich schneller abkühlende Metall zum restlosen Ausfüllen der Form zu zwingen (Abb. 2). Auch hat man beim Aluminiumspritzguß von der automatischen Betätigung der Gießmaschine noch wenig Gebrauch machen können. Beim Zink- und Zinnspritzguß hat man nämlich die Gießmaschinen so weit vervollkommnet, daß die Form völlig selbsttätig geöffnet, ausgeleert, gesäubert und wieder geschlossen wird. Beim Schließen wird gleichzeitig durch einen elektrischen Kontakt der Druckkolben in Bewegung gesetzt, so daß auch der nächste Guß wieder selbsttätig erfolgt. Nur zur

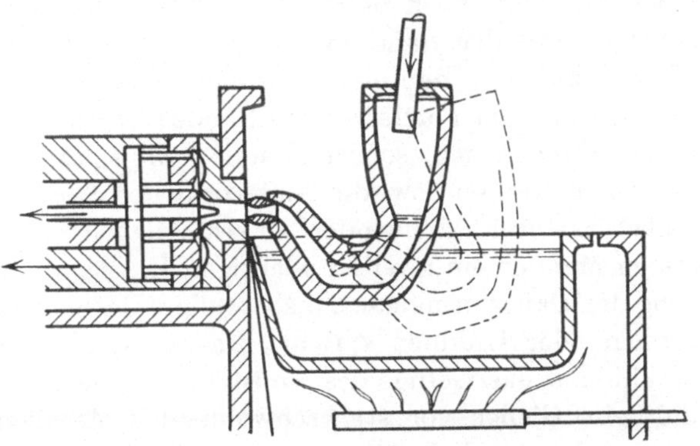

Abb. 2. Druckluft-Gießmaschine für Aluminium-Spritzguß.

Beobachtung des störungsfreien Ablaufes der Operationen ist ein Arbeiter nötig. — Beim Aluminiumspritzguß dagegen muß normalerweise jeder einzelne Guß oder „Schuß", wie man in Anbetracht des hohen Druckes hier sagt, von dem Bedienungsmanne ausgelöst werden. Man verzichtet darum im allgemeinen hier auf die mechanische Betätigung der ganzen Vorrichtung und läßt den Mann auch das Ausziehen der Kerne und das Ausstoßen der Gußstücke durch geeignete Hebel von Hand besorgen.

Auch das Gießen selbst, d. h. das richtige Anschneiden und Entlüften der Formen machte anfangs beim Aluminiumspritzguß besondere Schwierigkeiten und zwang zu umständlichen Untersuchungen über den Strahlverlauf beim Gießen und über die speziellen Eigenschaften der Legierungen als Flüssigkeiten, über ihre Oberflächenspannung, Viskosität usw. L. Frommer gibt in seiner Dissertation[3] interessante Einzelheiten über diese Untersuchungen bekannt. Vom technischen Standpunkte aus kann man jedenfalls sagen, daß die Erzeugung von Spritzgußteilen aus dem Aluminium und seinen Legierungen gelungen ist und wirtschaftlich betrieben wird, wenn man auch den Gußstücken an kleinen Mattschweißen und Schönheitsfehlern ansieht, daß ihre Herstellung mit Schwierigkeiten verknüpft war.

Mehr als im Spritzgußverfahren werden die Aluminiumlegierungen zur Zeit noch als einfacher Kokillenguß verarbeitet, also mit Einguß und Steiger ohne künstlichen Überdruck in eisernen Dauerformen oder Kokillen gegossen. Besonders Kolben und solche Konstruktionsteile, die keine zu komplizierte Außenform haben, werden auf diese Weise in großen Mengen erzeugt. Die Anwendung der eisernen Dauerform liegt ja auch beim Aluminium mit seinem großen Schwindmaße und seiner damit zusammenhängenden Neigung zum Lunkern besonders nahe. Denn wer die übliche Sandform für ein größeres Aluminium- oder Leichtmetallgußstück, wie z. B. den Kurbelgehäusedeckel für einen 8-Zylinderbock betrachtet, erkennt an den zahlreichen Schreck- schalen, daß der Sand hier tatsächlich fast nur noch die Rolle des Mörtels zwischen den einzelnen Schreckschalen spielt. Wie weit ist es da noch bis zum Fortlassen des Sandes überhaupt und zur Verwendung reiner Eisenformen, sofern es nur gelingt, durch Einbau von heraus- ziehbaren Kernen usw. die Elastizität des Sandes zu ersetzen und dem Gußstücke freies Schwinden zu ermöglichen! Wir begegnen hier zum ersten Male einem zweiten wichtigen Umstande, der für die Einbürge- rung des Dauerformgusses, insbesondere des Gusses in eisernen Dauer- formen oder Kokillen spricht: Das ist der verdichtende Einfluß der Kokille auf das Gefüge des Gußstückes. Die Entstehung von Lunkern, die beim Gießen von starkschwindenden Metallen sonst kaum zu ver- meiden ist, wird durch die abschreckende Wirkung der metallischen Dauerform durchweg verhindert. Dieser Vorteil, der der Kokille beim Aluminiumguß schon vielfach das Übergewicht gegenüber der Sand- form gegeben hat, ist auch beim Eisen und seinen Legierungen von der größten Bedeutung.

Um noch einmal auf den Spritzguß zurückzukommen: Kaum hatte man beim Verarbeiten der Aluminiumlegierungen einige Fortschritte gemacht, als man sich auch schon mit Eifer dem Kupfer und seinen Legierungen zuwandte. Aber hier scheint doch vorläufig die Grenze für die Anwendbarkeit des Verfahrens zu liegen; denn infolge des noch höheren Schmelzpunktes (1083° C) wuchs bei diesem Metalle die Schwierigkeit, geeignete Stoffe für die von dem Metall benetzten Maschinenteile — Gießgefäße, Formen und Eingußdüsen — zu finden. Besonders die Eingußdüsen, die natürlich bei den hohen Drücken von 30—60 at eine absolut dichte Verbindung zwischen Gießtopf und Form herstellen müssen, geben den Spritzgießern zur Zeit noch harte Auf- gaben zu lösen. Aber es besteht kein Zweifel, daß man durch Ver- wendung von schnell auswechselbaren Mundstücken oder durch elek- trische Heizung dieser Teile die Schwierigkeiten in absehbarer Zeit beheben wird und auch schon stellenweise behoben hat. Ob und wie- weit danach die Anwendbarkeit des Spritzgußverfahrens auch für das

Eisen und seine Legierungen — Grauguß, Temperguß und Stahlformguß — infrage kommt, steht vorläufig noch dahin. Aber das ist sicher, daß man für eine erfolgreiche Lösung des Problems „Eisenguß in Dauerformen" manche Erfahrung des Spritzgusses, wie z. B. das Vakuum zur Beschleunigung des Gießvorganges wird anwenden können.

Das Gießen von Kupferlegierungen in einfachen Dauerformen ohne künstlichen Überdruck ist ebenfalls noch ein ungelöstes Problem. Da das Kupfer beim Schmelzen große Mengen Gase löst, und diese beim Erkalten unter Spratzen wieder abgibt, werden die Abgüsse durchweg blasig und unbrauchbar. Nach eigenen Versuchen ist unter den üblichen Kupferlegierungen die Phosphorbronze mit etwa 7% Zinn und etwa 1% Phosphor zum Gießen in Kokillen am geeignetsten, denn durch den Einfluß des Phosphors wird der Schmelzpunkt der Legierung erniedrigt und die Dünnflüssigkeit durch Verhinderung der Oxydbildung erhöht.

Eine besondere Rolle unter den Kupferlegierungen spielen die Lagermetalle. Da die Lagerschalen zumeist Rotationskörper sind, hat man hier mit gutem Erfolge zur Erzielung eines dichten und blasenfreien Materials das Schleudergußverfahren angewendet. Aber wie immer zehren auch hier die Nachteile die Vorteile großenteils auf: die minderwertigen Legierungsbestandteile, wie Blei, seigern beim Schleudern in der Innenfläche des Rundkörpers aus und beeinträchtigen hernach ausgerechnet die Beschaffenheit der Lauffläche, auf die es bei den Lagern gerade ankommt.

B. Dauerformen für Eisenguß.

Durch die einleitende Darstellung des Spritzgußverfahrens könnte vielleicht der Eindruck erweckt werden, als ob die Entwicklung der Dauerformverfahren tatsächlich den Weg vom leichtschmelzenden Zinn über Zink, Aluminium, Kupfer zum schwerschmelzenden Eisen, also den steigenden Schmelzpunkten der Gießmetalle folgend, genommen hätte. Das trifft aber — zeitlich gesehen — nicht zu. Sondern es ist klar, daß in Anbetracht der überlegenen Bedeutung und Verbreitung des Eisengusses auch die Eisengießer unabhängig von den Metallgießern schon früher vielfach die Ersetzung der Sandformen durch dauerhafte Formen versucht haben. Sonderbarerweise scheint sogar der allererste Eisenguß, von dem uns die Überlieferung berichtet, in Dauerformen angefertigt zu sein, nämlich die eisernen Kanonenkugeln, die nach der Pyrotechnia des V. Biringuccio im Jahre 1495 zum ersten Male Verwendung fanden. Beck[4] schreibt über die Herstellung der Formen für diese Kugeln wörtlich:

„In etwas schwerfälliger, aber doch verständlicher Weise beschreibt Biringuccio das Verfahren, welches nicht darin bestand, jede Kugel, die man gießen wollte, für sich einzuformen, sondern sich eine metallene Kugelform, in welcher man dann beliebige Mengen Kugeln gießen konnte, herzustellen. Zu diesem Zwecke muß man sich zunächst ein Modell der Kugeln in richtiger Größe aus Holz oder Lehm herstellen. Dazu macht man sich ein Formenbrett mit einer Versenkung, in welche gerade die eine Hälfte der Kugel hineinpaßt. Die andere Hälfte formt man dann über dem Modell und auf dem Formenbrett mit Hilfe eines Rahmens oder Formkastens mit Gips oder feinem Lehm ab, indem man gleichzeitig den Einguß und die Windpfeife mit einformt. Die so hergestellte Form gießt man nicht voll Metall, sondern benutzt sie selbst wieder als Modell, indem man sie mit Asche oder Öl bestreicht, abformt und ausgießt. So erhält man die eine Hälfte der Schale oder Kugelform; die zweite symmetrische Hälfte stellt man ganz in derselben Weise her. Beide müssen so aufeinander passen, daß die beiden Halbkugeln sich genau zur Vollkugel schließen, wenn sie aufeinandergesetzt sind. Natürlich hat es keine Schwierigkeit, die Schale oder Kokille statt für eine Kugel gleich für mehrere herzustellen, wofür man statt einem Kugelmodell mehrere einformen und durch Rinnen verbinden muß.“

Diese Beschreibung und das zugehörige Bild (Abb. 3) beweisen, daß man in der Tat Dauerformen von derselben Art, wie sie jetzt langsam wieder in Gebrauch kommen, schon vor fast 500 Jahren benutzt hat. Und wenn man auch annehmen kann, daß die Lehmform für Ofenplatten und andere Eisengußstücke gleichzeitig oder schon früher im Gebrauch war, so steht doch fest, daß die Sandform erst etwa 200 Jahre später als die erste eiserne Dauerform bekannt wurde. Denn nach Beck hat Abraham Darby in England die Kastenformerei mit nassem Sande erst im Jahre 1708 erfunden.

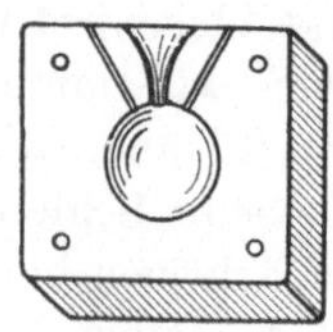

Abb. 3.
Alte Dauerform
für Eisenkugeln
(nach Beck).

I. Geschichtliche Entwicklung der Verfahren.
1. Dauerhafte Formen für große Gußstücke.

Abgesehen von diesem einen, sehr frühen Falle berichtet Beck in seiner Geschichte des Eisens nichts über den Gebrauch von Dauerformen. Es ist aber kein Zweifel, daß man gerade in der Lehmformerei, die bis zum Anfange des 18. Jahrhunderts das Feld beherrschte, von jeher eine Art von Dauerformen oder dauerhaften Formen benutzt hat; denn wenn man mehrere Abgüsse von demselben Modelle anzufertigen hat, dann richtet man die Form ganz von selbst so ein, daß man wenigstens den oft in den Herd geformten unteren Teil und möglichst auch den oberen Teil der Form nach dem Ausheben des Gußstückes wieder flicken und neu verwenden kann, besonders wenn es sich um größere, aber verhältnismäßig einfache Gußstücke handelt. In neuerer Zeit hat der größere Bedarf an geeigneten größeren Gußstücken natürlich auch diese Art der Fertigung belebt und in der Lehmformerei zum Nachdenken und Anwenden von ganz interessanten Dauerformen geführt.

So berichtet P. Dwyer[5] über eine Dauerform für Aschenschüsseln von Gaserzeugern. Ober- und Unterteil sind sorgfältig aufgemauert, und nach jedem Gusse wird eine neue Lehmschicht aufschabloniert, die durch die Wärme, welche der Form vom vorhergehenden Gusse noch innewohnt, in wenigen Stunden trocknet. Sehr interessante Einzelheiten über derartige Formen bringt auch J. A. Murphy[6] in einem Vortrage vor den amerikanischen Gießereifachleuten. Beim Einformen von Segmentstücken für Spiegelglastische von 12 m $\varnothing$ verwendete er den glatten Unterteil im Laufe von 18 Jahren mehr als tausendmal. Dieser Unterteil besteht aus der üblichen Gußplatte, auf die ein schwaches Sandpolster und darüber eine Lage Schamottesteine hochkant ohne Verwendung von Mörtel gesetzt ist. Nach dem Setzen der Steine wird das Bett lediglich mit Tonbrei begossen, der dann die Fugen ausfüllt. Im übrigen erhält die Oberfläche nur einen Überzug von gewöhnlicher Schwärze, ohne irgendeine Lehmschicht. Die Umrisse der Steine können auf der Oberfläche der Gußstücke deutlich unterschieden werden. Die leicht abschreckende Wirkung der Steine hat zur Folge, daß bei der nachfolgenden Bearbeitung diese Fläche stets schön dicht und sauber wird. Andere Beispiele für solche dauerhafte Formen findet man in der Lehmformerei auf Schritt und Tritt. Sie stellen im Grunde weiter nichts dar, als handwerksmäßige Kunstgriffe, deren mehr oder minder geschickte Anwendung in den einzelnen Fällen von der Findigkeit der Former und Meister abhängt. Allgemein läßt sich darüber nur sagen, daß ihre Anwendung sich hauptsächlich auf größere Gußstücke von nicht allzu komplizierter Außenform beschränkt. Vor allem dürfen die Gußstücke nicht unterschnitten sein, da sonst die Verwendung von Außenkernen nötig wird, die für jeden Abguß neu hergestellt werden müssen und so den Vorteil leicht aufzehren. Sehr geeignet sind z. B. Säureschalen, Glühtöpfe und ähnliche Teile. Die Art und der Grad der Wiederverwendbarkeit der Form richtet sich dabei nach der Sorgfalt und Findigkeit des Formers, und diese findet notwendigerweise erst ihre Anregung in einer hinreichend großen Anzahl von gleichen Abgüssen. Bei zwei und drei Abgüssen wird sich der Former mit einer sorgfältigen Dübelung der Formteile begnügen und im übrigen nur darauf bedacht sein, beim Herausnehmen der Gußstücke so vorsichtig wie möglich zu verfahren, damit er keine unnötige Flickarbeit hat. Bei mehr als drei Abgüssen muß er schon von vornherein sorgfältiger mauern und möglichst nur gebrannte Schamottesteine statt der sonst üblichen getrockneten Lehmsteine verwenden; und bei mehr als zehn oder zwanzig Abgüssen wird er mehr Eisenplatten als üblich nehmen und die Steine beim Mauern behauen, um sie weitgehend den Umrissen der Form anzupassen und möglichst wenig Lehm nach jedem Abguß nachschablonieren zu müssen.

2. Dauerformverfahren für kleinere Massenartikel.

Die beschriebenen dauerhaften Formen stellen gewissermaßen eine Übergangsstufe zwischen der Sandform und der eigentlichen Dauerform dar. Wenn man im Rahmen dieser Arbeit von ihrer weiteren Betrachtung absieht, so bleiben die eigentlichen Dauerformverfahren übrig, die sich nach der angewendeten Arbeitsweise in drei verschiedene Gruppen einteilen lassen. Das erste Verfahren behält die Bedingungen des Sandformgusses bei; es arbeitet mit zweigeteilter Form mit Einguß und Steiger; wenn das zu erzeugende Gußstück hohl sein soll, so wird ein Kern verwendet, sei es aus Sand oder aus Eisen — grundsätzlich jedenfalls wie beim Sandformguß, nur daß die Form nicht aus Sand besteht, sondern aus einem dauerhaften Stoffe, so daß sie nach dem Ausleeren eines Abgusses sofort wieder geschlossen und neu abgegossen werden kann. Das zweite, das Schleudergußverfahren, erzeugt Hohlkörper ohne Kerne und verwendet weder Einguß noch Steiger. Seine Anwendbarkeit beschränkt sich auf den Guß von Rotationskörpern. Das dritte Verfahren ist das Spritzgußverfahren. Es ähnelt dem normalen Sandformgußverfahren, verzichtet aber auf die Verwendung von Steigern und setzt an die Stelle des ferrostatischen Druckes einen künstlich erzeugten Überdruck des flüssigen Materials oder einen Unterdruck in der Form. Streng genommen könnte man nur von diesen drei Arten von Dauerformverfahren reden. Wenn darüber hinaus alle möglichen unterschiedlichen Arbeitsweisen sich als besondere Verfahren bezeichnen, so hat das seinen Grund zumeist in den Reklameabsichten der Erfinder, die jedes Ausführungspatent gern als neues Verfahren anpreisen und damit wieder die Wettbewerbsfirmen zu Umgehungspatenten, also wieder zu neuen Verfahren zwingen.

a) Rolle-Verfahren.

Das älteste Dauerformverfahren, das bekannt geworden und wirklich eine Zeitlang in Anwendung gewesen ist, ist das des deutschen Ingenieurs Rolle. Dieser hat zwei Patente bereits 1898 bzw. 1901 angemeldet und später, als der Amerikaner Custer mit seinem Verfahren hervortrat, 1911—1913 vier weitere Patente genommen. Die Rolleschen Patente sind ihres geschichtlichen Wertes halber in Tabelle 1 einzeln aufgeführt. Das wesentliche Kennzeichen des Rolleschen Verfahrens ist, daß es dünnwandige gußeiserne Formen mit einem keramischen Schutzanstrich benutzte, der die Form vor Abnutzung schützen und ihre Abschreckwirkung auf die Gußstücke mildern sollte. Die Gußstücke waren infolge dieses Schutzanstriches — nach Angabe von Rolle

Tabelle 1. Die deutschen Patente Rolles.

DRP. Nr.	Datum der Anmeldung	Gegenstand	Schutzumfang
105773	30. 8. 1898	Gußform aus Metall	Durchbrechungen in der Formwand, die mit einer plastischen Masse (fettem Formsand) geschlossen werden
138803	7. 5. 1901	Verf. z.Herst.v.Gußformen aus Metall mit einer die Innenform überziehenden dünn. Streichmasse zwecks Herstellung von Weichguß	Streichmasse aus Kieselsäure und Schamottemehl, wie Emaille auf der Form festgebrannt
240363	3. 1. 1911	Gießmaschine, deren obere und untere Formenhälfte mit ihren Tragplatten zwangläufig in wagerechte und senkrechte Lage schwenkbar sind, und deren obere Formenhälfte zwangläufig auf die untere bewegt und von ihr abgehoben werden kann	
242624	22. 1. 1911	Gußform aus Metall für Gußstücke, die sich infolge der Schwindung festklemmen	Ausstoßvorrichtung mit Feder
269441	2. 7. 1912	Anstrichmasse für Gußformen aus Metall	Streichmasse aus Kieselsäure und Kohlenstoff, zusammengeschmolzen (Karborundum, Siliziumkarbid)
284915	8. 11. 1913	Gießmaschine, deren Formenhälften mit ihren Tragplatten zwangläufig in wagerechte und senkrechte Lage schwenkbar sind	

— ohne Nachbehandlung bearbeitbar, obwohl kein teures Eisen mit besonders hohem Siliziumgehalt verwendet wurde. Allerdings sind von Rolle nur Rohre und Rohrformstücke gegossen, die normalerweise nicht bearbeitet werden, so daß auf die Bearbeitbarkeit also auch kein besonderes Gewicht gelegt wurde.

Rolle trat mit seinem Verfahren erst öffentlich hervor, als der Amerikaner Custer 1910 für sein Verfahren in Deutschland die Werbetrommel rührte. In der Diskussion eines Vortrages über dieses amerikanische Verfahren berichtet Rolle[7] ausführlich über seine Arbeiten. Danach hat er um 1900 drei Jahre lang bei einer Firma, die er nicht nennt, Formstücke für Abfluß- und Druckrohre in Dauerformen gegossen. Nach dieser Zeit wurde das Verfahren von der betreffenden Firma aufgegeben, weil die Gußstücke eine zu glatte Außenfläche hatten, auf der der Teerüberzug nicht hielt. Rolle berichtet, daß er versucht habe, die Gußstücke vor dem Teeren oberflächlich rosten zu lassen, daß aber der Rost dann unter der Teerschicht weitergefressen und die betreffenden Gußstücke erst recht unverwendbar gemacht habe. In der Zwischenzeit hatte Rolle die Verwertung seines Verfahrens und den Vertrieb seiner Gießmaschinen bereits den Vereinigten Schmirgel- und Maschinenfabriken Hannover-Hainholz übertragen, die aber die Sache nicht weiter entwickelt, sondern bald danach aufgegeben haben. Erst später, als Rolle durch die Propaganda von Custer neu angeregt war, wurden die Versuche bei den Ardeltwerken, Eberswalde, wieder aufgenommen und etwa bis zum Ausbruche des Krieges fortgesetzt, wie man aus den Anmeldungsdaten der späteren Rolleschen Patente ersehen kann.

Es ist zu bedauern, daß dieser erste ernsthafte Versuch, Dauerformen in der Eisengießerei zu verwenden, an einem so törichten Nebenumstande, wie es das fehlerhafte Teeren war, gescheitert ist.

b) Custer-Verfahren.

E. A. Custer war Direktor der Tacony Iron Co. bei Philadelphia. Er überschwemmte in den Jahren 1908—1910 die Literatur geradezu mit den Beschreibungen seines Verfahrens und veranlaßte 1910 durch seine Werbetätigkeit in Deutschland auch, wie bereits erwähnt, Rolle, endlich mit seinen Erfahrungen hervorzutreten. Man muß es dem Ingenieur Custer zugestehen, daß er mit großer Schärfe und Klarheit die Schwierigkeiten des Eisendauerformgusses erkannt und erläutert hat, und man muß mit Bedauern zugeben, daß wir jetzt nach zwanzig Jahren mit der Lösung dieser Fragen noch nicht viel weiter gekommen sind, als er damals war. Auf die Erkenntnisse und Ansichten Custers über Formtemperatur, Gießtemperatur, Eisenzusammensetzung usw. wird noch oft im Laufe dieser Arbeit zurückgegriffen werden; an dieser Stelle soll nur das Wesen und die Geschichte seines Verfahrens kurz beschrieben werden.

Custer verwendet wie Rolle ungekühlte gußeiserne Formen, die aber im Gegensatz zu Rolle nicht mit einem besonderen Schutzanstriche versehen, und — ebenfalls im Gegensatz zu Rolle — so dickwandig und massiv wie möglich gehalten sind. Ursprünglich wurden Abflußrohre von etwa 1,5 m Länge liegend mit Sandkern gegossen[8] und zur Betätigung und Bewegung der Formen ein Drehtisch von 12,2 m $\varnothing$ benutzt. 1909 berichtet Irresberger[9] über einen Vortrag von Custer vor den amerikanischen Gießereifachleuten in Cincinnati und bringt am Schluß seines Berichtes die damals offenbar verbreitete Meinung über die Aussichten Custers wie folgt zum Ausdruck:

„Die Versuche Custers wurden veranlaßt durch einen schwierigen Streik, als es sich darum handelte, sich möglichst von jeder Handarbeit unabhängig zu machen. Sie zeitigten die vorbeschriebenen Ergebnisse, vermochten aber doch nicht, wirtschaftlich genug befriedigende Ergebnisse zu liefern, um ständig und im großen zu einem Betriebe mit Dauerformen überzugehen. Soviel neuerdings bekannt wurde, sind diese Versuche zur Zeit überhaupt ausgesetzt worden."

Ein halbes Jahr später widerruft sich Irresberger[10] dann, indem er schreibt:

„Entgegen den im vergangenen Jahre von Amerika ausgegangenen Nachrichten, die Versuche mit Dauerformen seien wegen ungenügender Wirtschaftlichkeit des Verfahrens abgebrochen worden, hat die Tacony Iron Co. ihre Versuche stetig fortgesetzt und ist schließlich zu Erfolgen gelangt, deren Tragweite noch kaum zu überblicken ist. Die Zeit grundlegender Versuche ist überwunden, das genannte Werk erzeugt schon seit einiger Zeit im regelmäßigen Betriebe alle von ihm gelieferten Formstücke nur noch mit gußeisernen Dauerformen. Es werden Viertel (90°) und Achtel (45°) Krümmer, rechtwinklige und schräge Abzweige, Doppelmuffen- und Übergangsstücke, Bremsklötze, Gegengewichte für Schiebetüren und -fenster und verschiedene Arten Hartguß hergestellt. Zur Erzielung einer raschen Abgußfolge wurden besondere Maschinen geschaffen . . ."

Es folgt die Beschreibung der Maschinen. Danach ist der Drehtisch verlassen und jede Form auf eine einzelne Handmaschine montiert, wodurch die Ähnlichkeit mit dem Rolleschen Verfahren noch stärker betont wird. Die Erzeugung von Abflußrohren ist aufgegeben, dafür werden eine große Anzahl von verschiedenartigen Formstücken in Dauerformen mit Eisenkernen hergestellt. Nach dieser Zeit wird noch einmal in dem erwähnten Vortrage des Vertreters der Tacony Iron Co., N. M. Rodkinson[7] vor dem Verein deutscher Eisengießereien, Gruppe Brandenburg, und in einem Aufsatze von Mehrtens jun.[11] 1911 das Custersche Verfahren genannt, um dann aus der Fachliteratur zu verschwinden.

Im Jahre 1929 traf ich Custer als Versuchsingenieur im Laboratorium der Baldwin Locomotive Works in Philadelphia. Er hatte über seine Versuche mit Dauerformen, die schließlich wegen zu hohen Ausschusses 1914 aufgegeben waren, seine Stellung bei den Tacony Iron Works verloren. Später hat er sich noch einmal mit der Dauerformfrage befaßt, als Holley in seiner Versuchsperiode ihn um Rat fragte. Jedoch hat diese Fühlungnahme nicht zu einer dauernden Zusammenarbeit zwischen Holley und Custer geführt, weil Custer unbedingt an seiner starkwandigen Form festhalten wollte, während Holley sich für die dünnwandige entschied.

Während der Kriegsjahre ruhten die Versuche mit dem Dauerformguß in Deutschland vollständig, da erklärlicherweise die äußerste Anspannung der Industrie keine Zeit ließ zu Experimenten, die nicht unbedingt notwendig waren. Und in den schweren Jahren nach dem Kriege fehlte es uns sowohl an Anregung, als auch besonders an Geld, um solche Versuche wieder aufzunehmen. Dagegen waren in Amerika diese beiden Voraussetzungen glänzend erfüllt. Denn der unerhörte Aufschwung der Automobilindustrie brachte einen gewaltigen Bedarf an kleinen und mittleren Gußstücken, wie Kolben, Vergaserteilen, Bremsteilen und Armaturen, und Geld und Unternehmungslust waren auch besonders seit dem Kriege reichlich vorhanden. So entwickelten sich in Amerika von 1920 ab eine Reihe von Dauerformverfahren, von denen besonders drei zu Bedeutung gelangt sind. Unter diesen drei Verfahren ähneln sich wiederum zwei besonders stark, was sich dadurch erklärt, daß die Erfinder sich nach anfänglichem Zusammenarbeiten erst später getrennt haben. Es sind dies die Verfahren von Holley und Myers. Beide beschränken sich im wesentlichen auf die Erzeugung von kleinen Gußstücken mit 1—2 kg Stückgewicht und arbeiten mit 12—15 luftgekühlten Formen auf Drehtischen von etwa 3 m $\varnothing$. Beide verwenden Schutzanstriche, und zwar Holley einen keramischen auf der Basis Ton-Kieselsäure, Myers einen metallischen aus Zink. Beide schwärzen außerdem ihre Formen mit Lampenruß. Beide nehmen naturgemäß das Urheberrecht für sich in Anspruch. Den Erfolg hat aber fraglos Holley, dessen Verfahren sich für Gußstücke von bestimmter Art und Größe gut behauptet hat.

c) Holley-Verfahren.

Geschichtlich führt sich das Holley-Verfahren[12] auf D. H. Meloche zurück, der bis zum Sommer 1925 Metallurge der Holley Carburetor Co.,

Abb. 4. Vergasergehäuse von Holley.
Gewicht 1 kg.

Detroit, war. Die Firma baute seinerzeit Graugußvergaser für Ford; und Meloche kam in Anbetracht des großen, gleichmäßigen Bedarfes an Gußgehäusen nach Abb. 4 und infolge der Schwierigkeit, die Gehäuse in der Sandform dicht zu gießen, auf den Gedanken, Dauerformen zu verwenden. Wie hoch das daraus entstandene Holley-Verfahren in Amerika bewertet wird, geht daraus hervor, daß Meloche im Jahre 1925 vom Franklin-Institute of Pennsylvania mit der Edward Longstreth-Gedenkmünze für die Entwicklung des Verfahrens ausgezeichnet wurde. Die Patente — etwa 30 an der Zahl — sind im Besitze der Holley-Carburetor Co., die das Verfahren in ihrer eigenen Gießerei ausübt und durch eine besondere Firma, die Holley Permanent Mold Co., ihre Gießmaschinen baut und vertreibt.

Die Gießereianlage der Firma Holley ist durch ihre zweckmäßige zweistöckige Bauart bemerkenswert. Wie Abb. 5 zeigt, ist im oberen Stockwerke die Gießerei mit 8 Gießmaschinen und 2 Kupolöfen, sowie die Kernmacherei untergebracht; darunter befindet sich im Erdgeschoß die Glüherei und Putzerei. Die Gießmaschinen sind in zwei Reihen so angeordnet, daß die Ausstoßstellen je zweier Maschinen beieinander liegen. Die Gußstücke je zweier benachbarter Maschinen fallen durch Öffnungen im Boden in je einen siloartigen Behälter unterhalb der Decke des Erdgeschosses. Aus diesen Behältern werden die Gußstücke von Zeit zu Zeit in darunter befindliche Vorputztrommeln abgezogen und fallen nach dem Trommeln in andere Silos unterhalb der Trommeln und schließlich auf die darunter aufgestellten Vorkontrolltische. Hier werden Eingüsse und fehlerhafte Stücke aussortiert, um den Glühofen von unnötigem Ballast zu befreien. Dieser Vorteil der Vorkontrolle wird damit bezahlt, daß der Guß vor dem Glühen stark abkühlt und daher beim

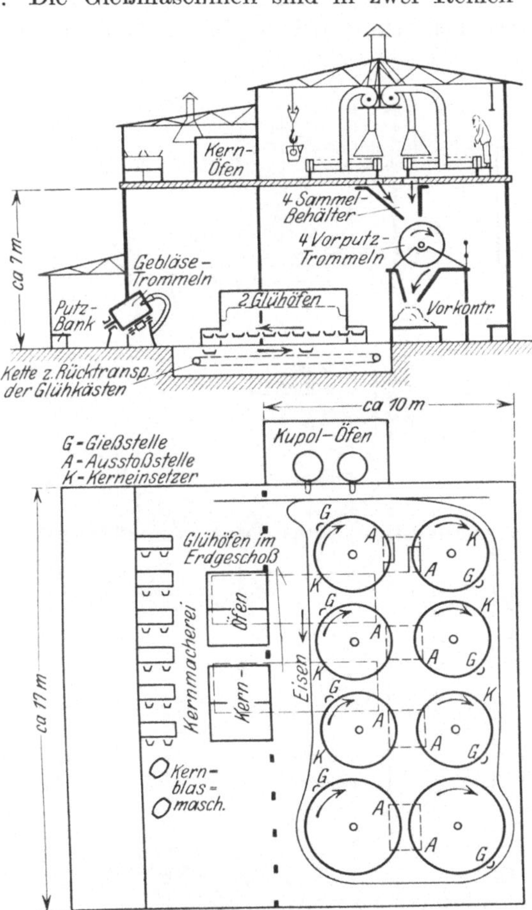

Abb. 5. Dauerform-Gießerei der Holley Carburetor Co., Detroit, Mich.

Glühen ein Mehr an Wärme braucht, außerdem bei der vorhergehenden Abkühlung sich leicht verzieht und Spannungen erhält. Das Glühen erfolgt in zwei ölgefeuerten kontinuierlichen Öfen mit automatischem Rücktransport der Kästen durch unter den Öfen befindliche Schleppketten. Am Auslaufende der Glühöfen werden die Gußstücke in Karren aufgefangen und darin zu den Gebläsetrommeln transportiert, danach wird der Guß entgratet, kontrolliert und versandt.

Eine ganz hervorragende Anlage stellt die neue Dauerformgießerei der Delco-Remy Corp. in Anderson, Ind. dar. Diese Firma gehört der General-Motors Corp. und baut für deren Werke sowie für Chrysler und andere Firmen elektrischen Autozubehör. Die Art der Anlage geht aus Abb. 6 hervor. Gießerei und Putzerei sind auf demselben Flur untergebracht, zwischen beiden befindet sich die Glüherei in einer etwa 3,5 m tiefen und etwa 8 m breiten Grube. Es sind zunächst 2 Glühöfen aufgestellt, ein feststehender kontinuierlicher und ein drehbarer Trommelofen von etwa 1,5 m lichtem Durchmesser und etwa 6 m Länge. Dieser Trommelofen ist ähnlich wie ein Zementofen schwach geneigt und dreht sich langsam, so daß die Gußstücke ebenfalls ständig gedreht und so vor dem Verzundern oder Verziehen infolge ungleichmäßiger Wärmeaufnahme geschützt werden. Die Heizung beider Glühöfen sowie der Kerntrockenkammern erfolgt übrigens mit Erdgas, das etwa 200 Meilen weit aus Kentucky bezogen wird. Die Gußstücke

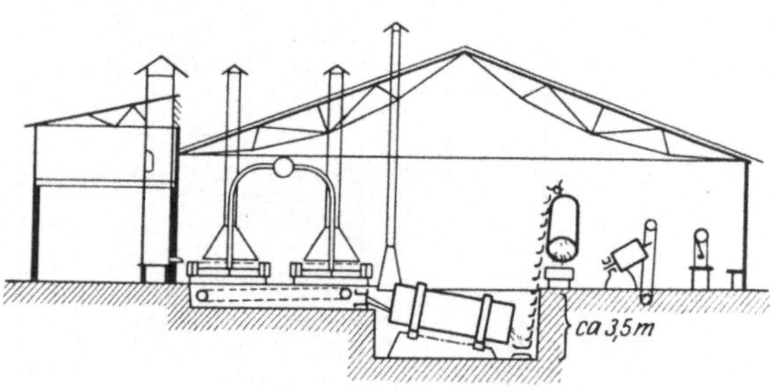

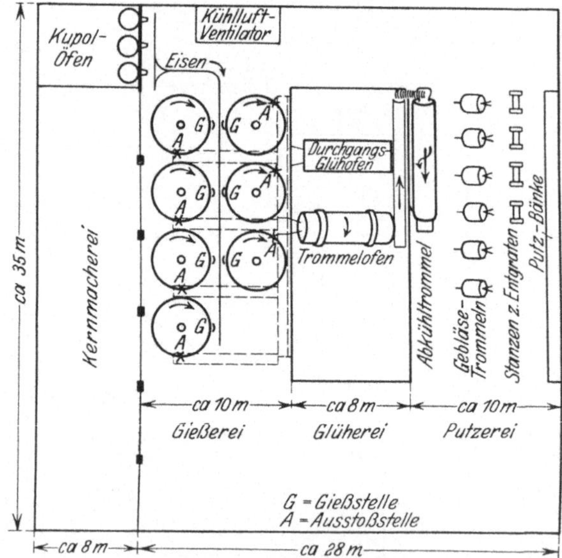

Abb. 6. Dauerform-Gießerei
der Delco-Remy Corp., Anderson, Ind.

gelangen von den Glühöfen aus über ein Transportband und ein Becherwerk in eine Kühltrommel von 8—10 m Länge, die nahe der Glühofengrube in der Putzerei aufgestellt ist. Unter der Kühltrommel werden die Gußstücke in geeigneten Kästen aufgefangen, mit dem Elektrohubkarren zu den Gebläsetrommeln und von da zu den Stanzen gefahren, die den Guß im Gesenk entgraten. Schmelzanlage und Kernmacherei sind, wie die Abbildung zeigt, in einem Seitenflügel der Gießerei untergebracht.

Es sind zunächst 7 Holley-Maschinen aufgestellt, doch ist das Gebäude gleich für mindestens 12 Maschinen gebaut, wie aus der Abbildung ersichtlich ist. Im Juni 1929 war die Gießerei erst 4 Monate im Betriebe, zur Einarbeitung liefen zunächst 3 Maschinen auf nur ein Gußstück nach Abb. 7. Der Betrieb befand sich also um diese Zeit noch im Stadium der Entwicklung; der Eindruck der ganzen Anlage war aber ein unbedingt günstiger, so daß man gerade von dieser Stelle erhebliche Fortschritte für den Dauerformguß erhoffen darf.

Eine besondere Dauerformgießerei nach dem Holley-Verfahren wird von der Edison Electric Appliance Co., Chicago, betrieben. Sie besteht aus 2 Drehtischen und 10 Handmaschinen für größere Formen. Auf den beiden Drehtischen werden Plätteisen gegossen, und zwar wird bei einzelnen Formen ein Rohr eingelegt und mit eingegossen. Auf den Handmaschinen werden elektrische Heizplatten mit eingegossener Spirale an-

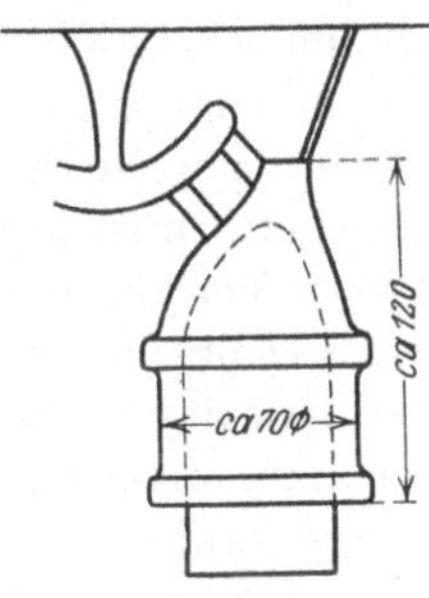

Abb. 7.
Gehäuse von Delco-Remy.
Gewicht etwa 1 kg.

gefertigt. Das Glühen erfolgt nachts in einem Einsatzofen. Der Nachteil dieses Ofens tritt an den Gußstücken deutlich in Erscheinung: diejenigen Abgüsse, die unmittelbar unter dem Gewölbe, also an den heißesten Stellen des Ofens gelegen haben, sind stark verzundert und verzogen.

Ein größeres Aggregat von 8 Holley-Maschinen wird seit Jahren bei Ford, Detroit, zum Gießen von kleinen Lagerdeckeln und Ventilstößelführungen u. dgl. verwendet. Es wird hier kein besonderer Schmelzofen für die Holley-Maschinen betrieben, sondern dasselbe Eisen wie für dünnwandigen Sandguß genommen. Die Abgüsse fallen bei Ford unter den Maschinen auf Transportbänder und werden durch diese kontinuierlich und automatisch dem Glühofen zugeführt. Vor dem Glühofen wird der vorbeiwandernde Guß von einem Manne kontrolliert und die Eingüsse sowie augenfälliger Ausschuß mit der Zange herausgesucht.

Außer den genannten größeren Dauerformgießereien sind noch eine Anzahl kleinerer Aggregate von Holley an verschiedene Firmen geliefert. Diese sind teilweise noch im Betriebe (Packard), teilweise auch nach einiger Zeit wieder stillgesetzt. Wie noch später ausführlich gezeigt werden wird, ist es beim Dauerformguß ganz besonders schwer, eine kleine Anlage zu betreiben. Es ist darum grundsätzlich zu verwerfen, zunächst nur eine Gießmaschine „zur Probe" aufzustellen und aus dem Ausfall der Versuche auf die Tauglichkeit des Verfahrens, im großen ausgeübt, Rückschlüsse zu ziehen.

In Deutschland befinden sich die Alleinrechte zur Ausübung des Holley-Verfahrens im Besitze der Firma Gesfürel-Ludw. Loewe & Co. A. G., Berlin.

d) Myers-Verfahren.

Das Myers-Verfahren[13] trägt seinen Namen nach dem Erfinder
H. A. Myers; es ist im Besitze der H. S. Lee Foundry & Machine Co.,
Plymouth, Mich. Bei meinem Besuche im Mai 1929 stellte ich fest,
daß die Firma Lee schon seit Monaten nicht mehr mit Dauerformen
arbeitete. Als Grund wurde angegeben, daß keine geeignete Arbeit vorhanden sei; in Wirklichkeit aber goß die Firma täglich etwa 60 t Formmaschinenguß, in der Hauptsache für Detroiter Autofabriken, wovon
schätzungsweise die Hälfte der Art und Menge nach für die Anfertigung
in Dauerformen geeignet gewesen wäre. Nach meinem Befunde ist das
Myers-Verfahren bei Lee nie aus dem Versuchsstadium herausgekom-
men. Denn die ganze Anlage, die bei meinem Besuche noch vorhanden
war, bestand aus einer einzigen Gießmaschine mit einem kleinen Kupolofen und einem Glühofen für etwa 500 kg Einsatz. Mit einer solchen
Anlage kann man aber nach eigenen Erfahrungen weder wirtschaftlich, noch technisch einwandfrei arbeiten.

e) Schwartz-Verfahren.

Das erwähnte dritte Dauerformverfahren, das seit dem Kriege von
sich reden gemacht hat, ist das des Amerikaners H. A. Schwartz[14].
Das besondere Merkmal dieses Verfahrens ist, daß es mit ölgekühlten
Dauerformen arbeitet. Da das Öl nicht nur die Formen kühlen, sondern
vor allem die Formtemperatur regulieren sollte, wurde ein sehr komplizierter Apparat erforderlich. In die Formen sollten nach DRPa. 69 765
Thermostaten eingebaut werden, die bei Änderung der Formtemperatur
selbsttätig die Durchlaßorgane in den Ölleitungen verstellen sollten, so
daß nach Bedarf mehr oder weniger Öl zuströmen und die Kühlwirkung
dadurch gesteigert oder gemildert werden konnte. So schön solche
Vorrichtungen theoretisch sind, so schwierig ist es naturgemäß, in dem
rauhen Gießereibetriebe damit zu arbeiten. Die in der erwähnten
Patentanmeldung von Schwartz beschriebene automatische Regulierung des Öldurchflusses durch Thermostaten ist daher auch von
Schwartz selbst niemals praktisch angewendet worden. Desgleichen ist
sein DRP. 428 399 niemals zur Ausführung gekommen, nach dem das
automatische Öffnen der Form durch das erstarrende Gußstück selbst
bewirkt werden sollte. Das Gußstück sollte im Augenblicke des Erstarrens einen Stromkreis schließen und damit den pneumatischen An-
trieb zum Öffnen der Form auslösen.

Das Schwartz-Verfahren wurde zuerst ausgeübt und entwickelt
von der Allyne-Ryan-Foundry Co., Cleveland, O., nach Angabe von
Herrn Ryan aber schon Anfang 1928 wieder aufgegeben, weil die
Formen zu kostspielig und zu kurzlebig waren. Man hatte besondere
Schwierigkeiten dadurch, daß die Graugußformen oft schon nach

wenigen Abgüssen undicht wurden, selbst ohne sichtbare Risse erhalten zu haben. Die Porosität des Gußeisens genügte offenbar schon, um das nach dem Erwärmen besonders dünnflüssige Öl durchtreten zu lassen. Vor allem war es Schwartz nicht gelungen, das Glühen zu vermeiden, wie er versprochen und mit Hilfe seiner Ölkühlung zu erreichen gehofft hatte. Und schließlich war noch eine große Menge Automobilkolben, die bei Allyne-Ryan in Dauerformen gegossen und nachträglich geglüht waren, von Kunden als zu weich zurückgewiesen worden.

Nach seinem Mißerfolge in Cleveland wandte sich Schwartz an die American Foundry Equipment Co., Mishawaka, Ind., die Gießereimaschinen baut und die Schwartzschen Patente in der Absicht erwarb, das Verfahren zunächst unter Mitwirkung von Schwartz im eigenen Betriebe weiter auszubauen und danach derartige Gießereianlagen zu vertreiben. Da die Firma ursprünglich nur eine Metallgießerei betrieb, war ein besonderer Kleinkupolofen für die Dauerformgießerei aufgestellt worden. Im übrigen bestand die Anlage aus einem Öltank, einem Ölkühltank mit Wasserrohrschlangen und 6 Einzelgießmaschinen. Ein besonderer Glühofen war nicht vorhanden, da Schwartz nach wie vor hoffte, durch die regelbare Ölkühlung der Formen das Glühen umgehen zu können. Nachdem er dieses Ziel auch hier trotz einjähriger Anstrengungen nicht erreicht hatte, wurden die Versuche von der American Foundry Equipment Co. aufgegeben.

f) Pettis-Verfahren.

C. D. Pettis, New York, hat ein Patent darauf genommen, die Dauerformhälften aus zwei Teilen zusammenzuschrauben — einem Rahmen, der etwa dem Formkasten entspricht, und einer Scheibe, die die Vertiefung der Forminnenfläche enthält. Zweck der Teilung ist, durch die Trennung dieser Scheibe von dem Rahmen das Entstehen von Spannungen und daraus folgenden Rissen in der Form zu vermeiden und die Form durch Auswechselbarkeit des meistbeanspruchten Innenteiles zu verbilligen. Die Form wird nach jedem Gusse mit einer Tonlösung angebraust. Im Betriebe stehen die Formen ähnlich wie bei den vorgenannten Verfahren auf einem Drehtische von etwa 4 m ⌀, der das Öffnen und Schließen automatisch besorgt.

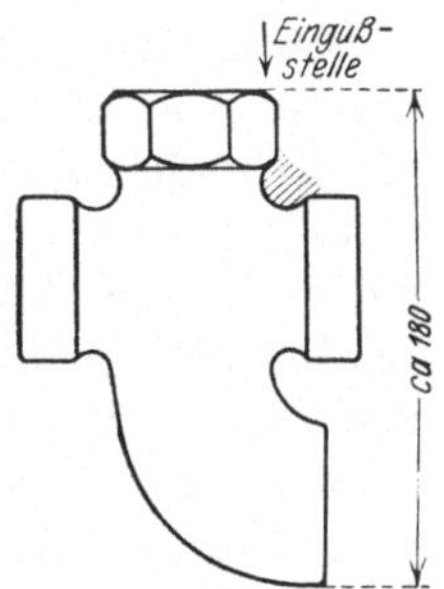

Abb. 8.
Hahngehäuse (ca. 2 kg)
Westinghouse, Pittsburgh.

Das Pettis-Verfahren — soweit man überhaupt von einem besonderen Verfahren sprechen kann — wurde 1928 ein Jahr lang von der Westinghouse Air Brake Co., Pittsburgh, ausgeübt. Es ist daran gescheitert, daß es Pettis nicht gelang, die in Frage kommenden Gußstücke — Hahngehäuse von etwa 2 kg Stückgewicht nach Abb. 8 — mit erträglicher Ausschußziffer zu gießen. Außerdem war die Lebensdauer der gußeisernen Formen zu gering, da diese stets schon nach kurzer Betriebsdauer an der in der Abbildung schraffierten Stelle glühend wurden und anschweißten.

g) Andere Verfahren.

Außer den erwähnten haben in Amerika noch zwei bedeutende Firmen längere Zeit ernsthafte Versuche mit der Herstellung von Armaturenteilen in Dauerformen gemacht: Crane, Chicago, und Kohler in Kohler Wis. — Patente wurde von keiner dieser Firmen genommen. Die dort gemachten Versuche haben also nur örtliche Bedeutung und jedenfalls nicht zu erheblichen Verbesserungen der bekannten Verfahren geführt. Bei Kohler waren die Versuche im Juni 1929 schon wieder aufgegeben.

In Deutschland versucht zur Zeit die Rob. Bosch A. G. Stuttgart, ein eigenes Dauerformverfahren zu entwickeln, bzw. hinsichtlich der Konstruktion der Gießmaschinen eigene Wege zu gehen.

3. Schleudergußverfahren für Rotationskörper.

Ausgedehnte Anwendung findet die Dauerform in der Schleudergießerei. Hier wird, wie bereits erwähnt, nicht in der üblichen Weise mit Einguß und Steiger gegossen, sondern das flüssige Material wird in der um ihre Mittelachse rotierenden Form durch die Zentrifugalkraft ohne Verwendung eines Kernes zu einem Hohlkörper geformt. Dabei kann man entweder mit stehender oder mit liegender Drehachse arbeiten. Bei der stehenden Achse hat naturgemäß das Material durch seine Schwere die Neigung, nach dem unteren Teile der Form abzuwandern. Man erhält darum bei dieser Arbeitsweise keine genau zylindrische Bohrung bzw. keine gleichmäßige Wandstärke, was natürlich um so unliebsamer in Erscheinung tritt, je länger der zu erzeugende Hohlkörper ist. Es leuchtet darum ein, daß das Schleudergußverfahren mit stehender Achse sich auf verhältnismäßig kurze Gußstücke, wie Laufbuchsen, Kolbenringbuchsen u. dgl. beschränken muß, während man bei längeren Gußstücken, wie z. B. Röhren jeder Art, auf die Schleudergußverfahren mit liegender Achse angewiesen ist. Da der Röhrenguß das Hauptanwendungsgebiet des Schleudergußverfahrens überhaupt darstellt, versteht es sich, daß die Verwendung von Schleudergießmaschinen mit liegender Achse bei weitem überwiegt.

Die geschichtliche Entwicklung und die Betriebsbedingungen der Schleudergußverfahren sind in den letzten Jahren in der Fachliteratur aller Länder eifrig erörtert, in Deutschland insbesondere von E. Lewicki[15] und C. Pardun[16] eingehend untersucht. Es sei hier nur kurz erwähnt, daß das erste Schleudergußpatent schon im Jahre 1809 von dem Engländer H. C. Eckhardt genommen wurde. Im Laufe des folgenden Jahrhunderts hat sich dann eine Unzahl von Ingenieuren mit der Frage des Schleudergusses befaßt, darunter ganz bekannte Erfinder wie Bessemer und Maxim. Wenn die Lösung des Problems trotzdem solange hat auf sich warten lassen, so liegt das in erster Linie daran, daß es zunächst an geeigneten Antriebsmitteln fehlte, die es gestatteten, die Umdrehungszahl der Form so fein zu regulieren, daß sich ein fehlerfreies Gußstück mit der richtigen, gleichmäßigen Wandstärke darin bilden konnte.

Große Schwierigkeiten machte es auch, besonders bei langen Gußstücken, das Eisen über die ganze Länge der Form gleichmäßig zu

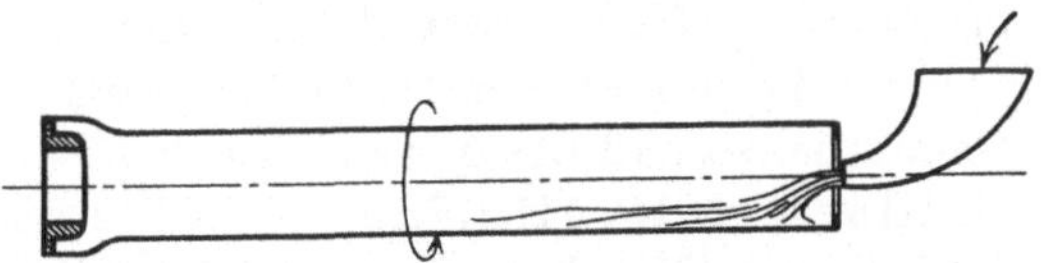

Abb. 9. Schleudergußverfahren ohne Gießrinne:
Eingießen in die stillstehende Form, dann erst rotieren lassen.

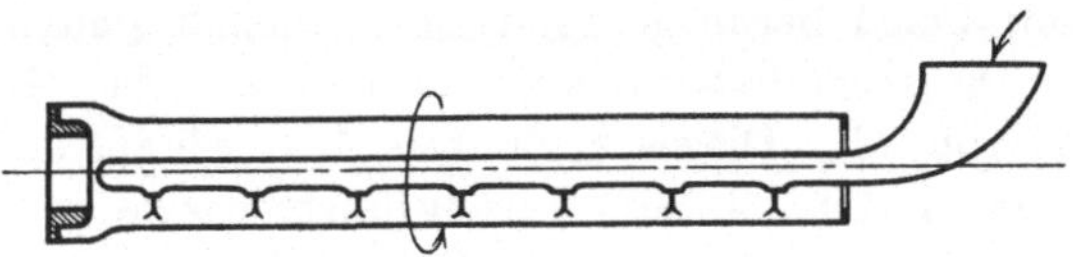

Abb. 10. Schleudergußverfahren mit feststehender Rinne:
Eingießen durch Bodendüsen in die rotierende Form.

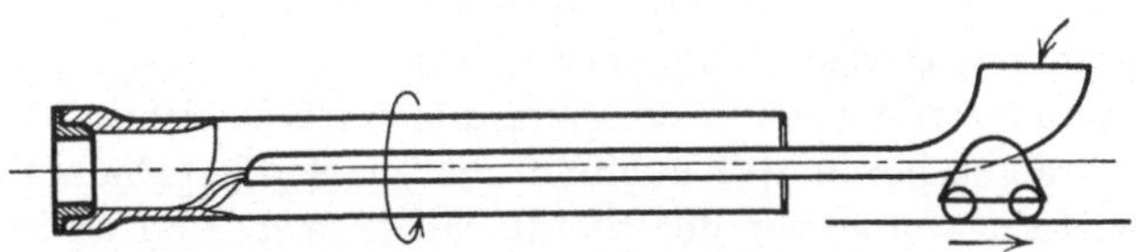

Abb. 11. Schleudergußverfahren mit beweglicher Rinne:
Eingießen in die rotierende Form am Ende der fortwandernden Gießrinne.

verteilen. Man kann nach der Art, in der diese Aufgabe gelöst wird, drei Gruppen von Schleudergußverfahren unterscheiden. Die nächstliegende Arbeitsweise ist, daß man in die stillstehende Drehform auf einer Seite soviel flüssiges Metall einschüttet, wie zur Bildung des Gußstückes nötig ist, und dann die Form solange rotieren läßt, bis sich das Metall unter dem Einfluß der Schleuderkraft gleichmäßig verteilt hat und erstarrt ist (Abb. 9). Diese Arbeitsweise ist bei schwerschmelzenden Metallen nur dann anwendbar, wenn entweder die Dauerform auf 600—800° C vorgewärmt, oder eine Sandform benutzt wird, so daß das flüssige Metall nicht vor der Zeit erstarrt. Es hat sich gezeigt, daß man in eine stillstehende Metallform, auch wenn sie hoch erwärmt ist, kein flüssiges Metall einschütten darf, weil sich sofort die vom flüssigen Metalle bedeckte Seite der Form dehnt, so daß die Form krumm wird und sich entweder gar nicht mehr drehen läßt oder beim Schleudern derart schlägt, daß das Gußstück ungleichmäßige Wandstärken erhält. Die Anwendbarkeit dieser Gießweise ohne Gießrinne beschränkt sich daher auf die nichtmetallische Form. Das Sand-Spun-Verfahren von W. D. Moore arbeitet in dieser Weise. — Die zweite Möglichkeit, das flüssige Metall in die Drehform einzubringen und gleichmäßig darin zu verteilen, ist die, daß man eine Gießrinne von der gleichen Länge wie die Form in diese hineinragen läßt (Abb. 10). Entweder läßt man nun das flüssige Metall durch gleichmäßig verteilte Bodenöffnungen in die Form eintreten (Whitley, DRP. 13163), oder man kippt die Gießrinne, so daß das Metall über den Rand der Rinne in die Form fließt (Hurst, DRP. 441017). — Die dritte Lösung ist die, daß man die Gießrinne oder Maschine in der Längsrichtung verfahrbar macht. Das flüssige Metall tritt am Ende der Rinne in die rotierende Form ein, und dadurch, daß während des Gießprozesses die Rinne langsam aus der Form herausgezogen wird, wickelt sich in der Form spiralförmig ein Flüssigkeitsband ab, aus dem sich das Gußstück allmählich bildet (Abb. 11). Dieses Verfahren, das sich auf den deutschen Erfinder Briede (DRP. 242307) zurückführt, wurde von dem Südamerikaner de Lavaud während der Kriegsjahre ausprobiert und so weit vervollkommnet, daß es eine entscheidende Bedeutung für die Fabrikation von Gießröhren erlangt hat. Als Dauerformverfahren kennzeichnet es sich dadurch, daß es metallische Formen ohne Schutzanstrich mit Wasserkühlung verwendet.

Es ist außerordentlich interessant, aus der Geschichte der Schleudergußverfahren zu hören, daß auch auf diesem Sondergebiete der Gießerei die Dauerform schon vor der Sandform da war; und es besteht wohl kein Zweifel, daß das ganze Gebiet des Schleudergusses der Dauerform allein vorbehalten geblieben wäre, wenn nicht der Patentschutz des Briede-de Lavaud-Verfahrens W. D. Moore gezwungen hätte, mit der feststehenden Maschine zu arbeiten, also auf die Längsbewegung der Maschine während des Gießens zu verzichten[17]. Da das Eisen aber beim Eingießen in eine Metallform zu schnell erstarrt, um sich über die ganze Oberfläche der Form auszubreiten, blieb Moore in der Tat nichts anderes übrig, als die metallische Dauerform mit der Sandform zu vertauschen. Weil er auf diese Weise das nachträgliche Glühen spart, wird er sich mit seinem Verfahren auch solange behaupten können, bis dasjenige Eisen gefunden ist, das, in Dauerformen gegossen, keiner Nachbehandlung bedarf, oder bis derjenige Werkstoff für die Dauerformen gefunden ist, der nicht tausend Abgüsse aushält, sondern fünftausend. Abgesehen von dem Sand-Spun-Verfahren Moores und einiger Nachahmer arbeiten jedenfalls sämtliche Schleudergußverfahren mit der Dauerform, und man darf sagen, daß hier im praktischen Dauerbetriebe wirklich bereits der Beweis erbracht ist, daß man in Dauerformen Grauguß billiger und besser machen kann als in Sandformen. Die Fortschritte aber, die die Materialforschung dem Schleuderguß in den nächsten Jahren bringen wird, werden dann dem gesamten Dauerformguß zugute kommen, so daß also die Schleudergußverfahren den anderen Dauerformverfahren gewissermaßen vorarbeiten und darum auch im Rahmen dieser Arbeit besondere Beachtung verdienen.

4. Anwendbarkeit des Spritzgußverfahrens.

Eine Erörterung der Dauerformverfahren für Eisenguß würde nicht vollständig sein ohne Erwähnung des Spritzgußverfahrens, dessen Anwendung für Metallguß eingangs beschrieben wurde. Beim Eisenguß ist die Anwendung des Spritzgußverfahrens bisher noch nicht versucht, oder jedenfalls ist über derartige Versuche nichts bekannt geworden. Es ist auch durchaus nicht zu erwarten, daß man das Spritzgußverfahren, wie es etwa zur Herstellung von Aluminiumspritzguß verwendet wird, eines Tages einfach für Eisenguß wird benutzen können, selbst wenn man einen Werkstoff für die Formen und Gießtöpfe fände, dessen Schmelzpunkt oberhalb 2000° C läge, und eine Wärmequelle, die es gestattete, das Eisen in der Gießmaschine auf der richtigen Temperatur zu halten, ohne seine Zusammensetzung zu ändern. Wenn wir aber auch von einer direkten Anwendung des Spritzgußverfahrens für Eisen noch sehr weit entfernt sind, so wird doch die Übertragung einzelner Spritzgußerfahrungen und -kunstgriffe auf den Dauerformguß nützlich und notwendig sein, um die jetzt gebräuchlichen Dauerformverfahren weiterzubringen. Insbesondere kommt hier vielleicht die Absaugung der Luft aus der Form während des Gießens in Frage. Dadurch wird der Gießvorgang beschleunigt und durch die Beschleunigung des Gießvorganges eine Verringerung der Ausschußgefahr durch Mattschweißen erzielt werden können. Vor allem würde aber schon ein geringer Unterdruck in der Form vielleicht genügen, um den gewöhnlichen Dauerformguß ähnlich wie den Schleuderguß noch intensiver zu entgasen. Denn das ist zur Zeit noch ein Hauptvorteil des Schleudergußverfahrens vor den anderen Dauerformverfahren, daß durch die Zentrifugalkraft das flüssige Eisen weitgehend von gasförmigen und schlackigen Einschlüssen gereinigt wird.

II. Betriebsfragen.
1. Gießvorrichtungen.
a) Handmaschinen.

Das Wesentliche an den Dauerformverfahren sind die Formen, und es ist an sich selbstverständlich möglich, mit einer Dauerform erfolg-reich zu gießen, wenn man sie nur mit Schraubzwingen zusammenhält und von Hand ausleert und wieder zulegt. Da aber bei den Dauerform-verfahren der Hauptnachdruck auf der Wirtschaftlichkeit, also auf der Ersparnis von Löhnen liegt, ist es begreiflich, daß man zur schnelleren Handhabung der Dauerformen von vornherein mehr oder weniger ge-eignete Vorrichtungen benutzte, die dann von Laien fälschlich für das Wesen des betreffenden Verfahrens gehalten wurden. Wo immer Ver-suche mit Dauerformen gemacht wurden, da sollten diese die Arbeit von Formmaschinen übernehmen.

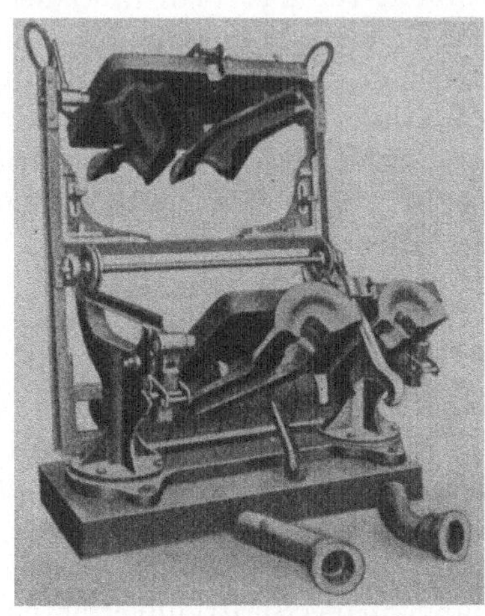

Abb. 12. Gießmaschine von Rolle.

Was lag also näher, als die Dauerformen an Stelle der Mo-dellplatten auf die vorhandenen Formmaschinen zu schrauben und diese nun als Gießmaschinen zu verwenden. So kommt es, daß die ersten Dauerformgieß-maschinen eine unverkennbare Ähnlichkeit mit den Formma-schinen hatten. Abb. 12 zeigt die Rollesche Gießmaschine nach Mehrtens[11]. Man erkennt deutlich, daß die Wendeplatten-formmaschine dieser Konstruk-tion zugrunde gelegen hat. Die Gießmaschine von Custer er-scheint dagegen bedeutend einfacher und praktischer

Abb. 13. Gießmaschine von Custer.

(Abb. 13). Sie ähnelt in der Konstruktion den Topf- und Bügeleisen-formmaschinen, die im Modelle den Kern gleich mit aufstampfen und zum Ausheben des Kernes das zweiteilige Modell um ein Scharnier horizontal aufklappen. Die Custersche Maschine wird dadurch etwas komplizierter, daß sie noch die Vorrichtung zum Herausziehen der eisernen Kerne trägt. Bei Krümmern und ähnlichen Formstücken werden die beiden Kernhälften gleichzeitig durch einen gekuppelten Hebelmechanismus herausgezogen, bei geraden Zwischenstücken usw. hängt der Kern an einem Drahtseile von der Decke herab und wird nach dem Gusse einfach über eine Rolle mit Gegengewicht hochgezogen.

Abb. 14. Handgießvorrichtung von Holley.

Holley verwendet für größere Einzelformen eine sehr einfache und praktische Vorrichtung, die nach Art eines Parallelschraubstockes die Formhälften beim Öffnen und Schließen parallel zueinander bewegt (Abb. 14). Die Formhälften werden auf Formträgern festgeschraubt, die, auf einer gehobelten Platte stehend oder an zwei Gleitschienen hängend, durch einen Hebelmechanismus geöffnet oder geschlossen werden. Eine ähnliche Vorrichtung verwendet auch Schwartz (Abb. 15), da er durch seine Ölkühlung mit den zugehörigen Ölleitungen und Armaturen

Abb. 15. Gießmaschine von Schwartz.

verhindert ist, eine automatische Gießmaschine zu benutzen. Das Öffnen und Schließen der Formen bewirkt Schwartz durch einen Preßluftzylinder, der von Hand gesteuert wird.

b) Automatische Gießmaschinen.

Eine automatische Gießmaschine hatte als erster bereits Custer 1908 im Gebrauche. Diese bestand aus einem Drehtische von 12,2 m ⌀

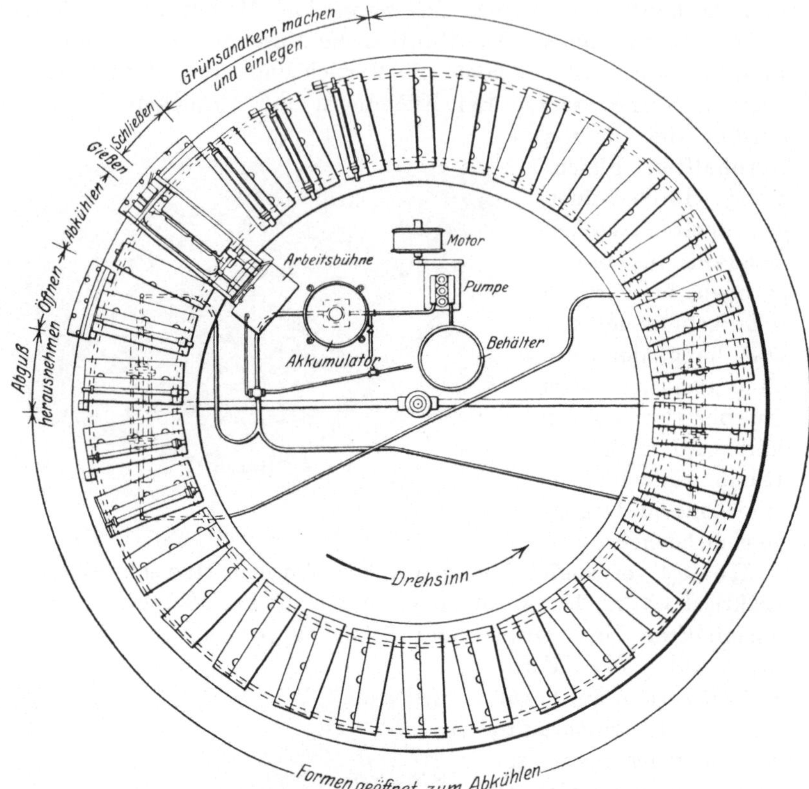

Abb. 16. Drehtisch von Custer.

Abb. 17. Drehtisch von Custer im Betriebe.

(Abb. 16 u. 17) und trug 30 Formen für Abflußrohre von etwa 1,5 m Länge (Abb. 18 u. 19). Die Maschine machte in $7^1/_2$ Min. eine Umdrehung. Das Öffnen und Schließen der Formen wurde selbsttätig durch geeignete Hebel bewirkt, die durch entsprechende Kurven gesteuert wurden.
Später hat Custer diese

schriebene Handgieß-maschine vertauscht, offenbar, weil er glaubte, das rechtzeitige Heraus-ziehen der Kerne und Ausleeren der Gußstücke besser durch einen Mann als durch die Maschine bewirken zu können. Denn der eiserne Kern mußte augenblicklich

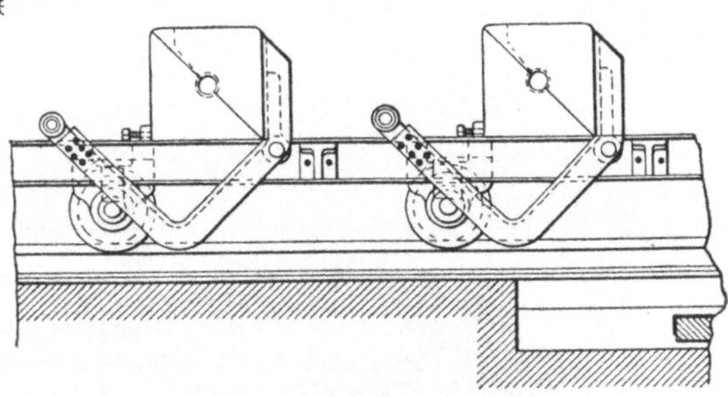

Abb. 18. Dauerformen von Custer.

nach dem Gießen gezogen werden, damit das Gußstück frei schwinden konnte und nicht über dem Kerne platzte. Die Custersche auto-matische Gießmaschine ist übrigens auch nicht originell, sondern es waren bereits früher ähnliche Masselgieß-maschinen in Hochofenwerken im Ge-brauche. Die Custersche Maschine ist aber sehr gut durchkonstruiert, und besonders erscheint mir der An-trieb erwähnenswert zu sein. Dieser Antrieb erfolgt bei Custer durch zwei Druckwasserzylinder, die den Dreh-tisch mit jedem Hub um eine Form-teilung weiterschieben, so daß die Formen während des Gießens sich in Ruhe befinden.

Holley und Myers verwenden ähnliche Drehtische, die allerdings ent-sprechend der geringeren Gußstück-

Abb. 19. Dauerform von Custer im Betriebe.

und Formgröße erheblich kleiner sind. Der Drehtisch von Holley (Abb. 20) mißt ca. 3 m im Durchmesser und trägt 12 Formen, der von Myers hat 3,60 m ⌀ und trägt 15 Formen. Zum Unterschiede von Custer lassen Holley und Myers ihre elektrisch angetriebenen Maschinen dauernd weiterlaufen, so daß die Formen also auch während des Gießens sich in Bewegung befinden.

Der Grundsatz, in der Bewegung zu gießen, findet sich auch in der Sandformgießerei bei der Fließarbeit in ihrer höchsten Entwicklungsstufe; während er aber bei der Sandform noch gelten mag, sofern es sich um sehr kleine Gußstücke handelt, ist er bei der Dauerform unbedingt zu verwerfen. Hier ist es nicht möglich, durch Überlauftümpel oder ähnliche Vorkehrungen das Angießen zu erleichtern, sondern es hängt im höchsten Maße von der Geschicklichkeit des Gießers ab, ob

Abb. 20. Drehtisch von Holley.

er den Eingußtrichter gleich richtig trifft oder nicht. Gießt er zunächst ein paar Tropfen auf den Rand des Trichters, dann ist das Gußstück bereits Ausschuß; denn die entstehenden Spritzer sind in der Dauerform sofort erstarrt und im Gußstücke nachher als Kugeln eingeschlossen. Wohl wird diese Ausschußgefahr durch monatelange Übung der Gießer vermindert, besonders wenn lauter gleiche Gußstücke gegossen werden, bei denen der Einguß überall gleich dimensioniert und an der gleichen Stelle der Form angeordnet ist. Aber wenn beim Angießen mit einer vollen Pfanne die Fallhöhe etwas größer ist, dann ist doch die Unsicherheit und damit die Ausschußgefahr sofort wieder da.

Über diese Frage, die für die Wirtschaftlichkeit des Verfahrens von größter Bedeutung ist, wurden eingehende Versuche angestellt, deren Ergebnis in Tabelle 2 niedergelegt ist. Es handelte sich bei den Versuchen um gleichartige Gußstücke von verschiedener Größe, die gleichzeitig auf einer automatischen Gießmaschine nach Holley gegossen wurden. Aus der Tabelle ist deutlich zu sehen, wie mit wachsendem Gewicht bzw. mit wachsender Gießzeit der Ausschuß steigt. Es ist eben nicht möglich, daß der Gießer 8—9 Sekunden mit der weiterwandernden Gießform mitgeht und den Trichter dauernd gleichmäßig voll hält. Allerdings ist der Gießer nicht allein an dem Steigen der Ausschußziffer schuld, sondern es ist klar, daß sich auf einer Maschine auch nicht die Abkühlungszeit, die durch die Umdrehungszahl der

Maschine geregelt wird, gleichzeitig für Gußstücke von 1,4 und 3,9 kg Gewicht richtig einhalten läßt.

Von diesen Betriebsfragen wird noch weiter unten eingehend die Rede sein, hier sei nur zur richtigen Bewertung der Gießmaschinen darauf hingewiesen, daß die automatische Maschine mit mehreren Formen nur da mit Erfolg anwendbar ist, wo durchaus gleich große und gleich schwere Gußstücke gleichzeitig zu gießen sind. Andernfalls verdient die Einzelmaschine den Vorzug, die sich noch mit geeigneten Vorrichtungen zum selbsttätigen Öffnen und Ausleeren der Formen versehen läßt. Daß

Tabelle 2.

Ausschuß in Abhängigkeit von der Gießdauer beim Gießen in der Bewegung.

⌀ mm	Stück-Gewicht kg	Gießdauer sec	Ausschuß %
68	1,4	3,5	9,25
75	1,6	4,5	16,2
78	1,6	4,5	16,4
80	1,8	5	16,0
85	1,9	5	22,8
90	2,2	6	17,3
95	2,3	6,5	20,2
100	3,0	7,5	31,5
105	2,9	7,5	25,0
110	3,9	8	31,4
120	4,6	9	14,6
125	4,9	9	10,8

das Ausschalten der Bewegung während des Abgießens der Form von günstigem Einfluß auf die Ausschußquote ist, beweisen noch die beiden letzten Zeilen der Tabelle 2: Die Stücke mit 120 und 125 mm ⌀ wurden auf Handgießmaschinen — also bei ruhender Form — gegossen und die Abkühlungszeit von Hand reguliert. Der Erfolg war, daß hier sofort der Ausschuß um 50—60% fiel.

c) Schleudergießmaschinen.

Während bei den gewöhnlichen Dauerformverfahren die Gießmaschine, wie erwähnt, von untergeordneter Bedeutung ist und nur zur Erleichterung der Handhabung der heißen und oft schweren Dauerformen dient, ist bei den Schleudergußverfahren umgekehrt die Gießmaschine die Hauptsache. Denn die Maschine ist hier unmittelbar am Gießvorgange beteiligt; solange sie der Form nicht die Drehbewegung und beim de Lavaud-Verfahren auch die Längsbewegung erteilt, kann man mit der Form allein keine Gußstücke erzeugen.

Es ist nicht Gegenstand dieser Arbeit, die Konstruktionen der einzelnen Arten von Schleudergießmaschinen zu beschreiben. Es soll darum nur als typischer und meist verbreiteter Vertreter die de Lavaud-Maschine kurz gekennzeichnet werden (Abb. 21). Die Maschine besteht aus einem Gußkörper G, in dem die Form F auf zwei Rollenpaaren drehbar gelagert ist. Auf dem Gußgehäuse ist meist ein Gleichstrommotor M angeordnet, der der Form über ein Zahnräderpaar die Drehbewegung erteilt. Da das Verfahren mit Wasserkühlung der Form arbeitet, ist am Kopf- und Fußende der Form eine sorgfältige Abdichtung erforderlich, die auf verschiedene Weise konstruktiv erreicht wird. Diese eigentliche Maschine ruht nun mit vier Rädern fahrbar auf einem solide konstruierten Rahmen R, der gegen die Horizontale schwach geneigt ist. In den Rahmen eingebaut findet sich der meist hydraulische Antrieb für die Längsfahrt der Maschine, die sowohl zum Gießen, als auch zum Herausziehen der fertigen Gußstücke aus der Form erforderlich ist. Am Kopf-

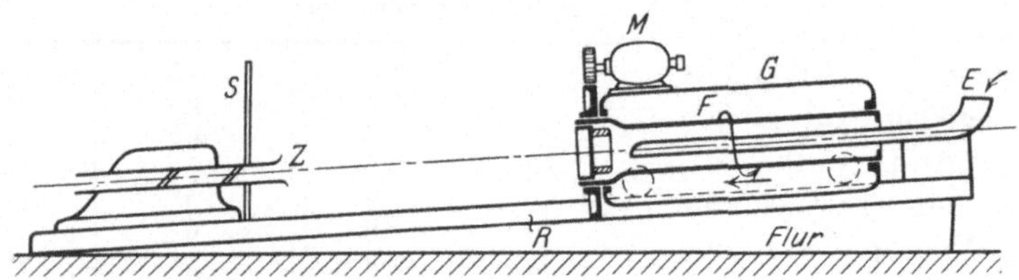

Abb. 21. Schleudergießmaschine nach de Lavaud.

ende des Maschinenrahmens ist die Gießvorrichtung E angeordnet, die in der Hauptsache aus einer Gießrinne von der ungefähren Länge der Gießform oder des zu erzeugenden Gußstückes besteht.

Soll die Maschine arbeiten, so fährt man sie in die höchste Stellung, so daß die Gießrinne ganz in die Drehform hineinragt, bringt die Form auf die nötige Umdrehungszahl und fängt dann an, bei E einzugießen. Das Metall läuft durch die Rinne bis an das untere Ende der Form, tritt hier aus und beginnt, den unteren Teil der Form zu füllen. Der Steuermann S läßt in diesem Augenblicke die Maschine abfahren, die sich nun mit einer vorher genau eingestellten Geschwindigkeit langsam nach unten bewegt, während das flüssige Metall dauernd weiter durch E eingegossen und am Ende der Rinne in die Form aufgegeben wird. So entsteht ganz allmählich das Gußstück; und wenn die Maschine in der äußersten unteren Stellung angelangt ist, ist auch das Gußstück fertig. Man stellt danach die Drehung der Form ab, faßt mit der Zange Z in das Gußstück hinein und hält es fest, während man mit der Maschine in die obere Stellung zurückfährt. Sobald die Maschine die obere Gieß-stellung wieder erreicht hat, ist der Abguß frei und kann forttransportiert werden, während die Maschine sogleich für einen neuen Guß bereit ist. Daß während des Gießens die untere Öffnung der Drehform in geeigneter Weise verschlossen ist, und daß die Rinne zwischen je zwei Abgüssen einer gewissen Wartung bedarf, braucht nicht erwähnt zu werden.

Es soll aber hier schon darauf hingewiesen werden, daß durch die Eigenart des Verfahrens sich ein ganz besonderer Typ von Dauerformen herausgebildet hat. Da die ganze Arbeitsweise mit Wasserkühlung nicht das Aufklappen der Form nach jedem Gusse zum Herausnehmen des Gußstückes gestattet, wird die Schleuderform durchweg einteilig gebaut. Man verlegt die starken Teile der Gußstücke — bei den Rohren die Muffenenden — nach unten und gibt der Form nach Möglichkeit über die ganze Länge einen gewissen Anzug, um das Herausziehen der bis zu 5 m langen Gußstücke zu erleichtern. Trotzdem kann man sich denken, daß gerade beim Herausziehen der Gußstücke an die mechanische Festigkeit des Formmaterials ganz gewaltige Anforderungen gestellt werden, von denen noch später ausführlich die Rede sein wird.

2. Formen.

a) Ausführung der Formen.

α) Konstruktion der Gußstücke. Wenn man eine Dauerform anfertigen will, ist es das allerwichtigste, daß man zunächst die Konstruktion des zu gießenden Stückes eingehend prüft. Das sollte der Gießer überhaupt immer tun, anstatt stolz darauf zu sein, wenn es ihm wirklich gelingt, alle möglichen Fehlkonstruktionen zu formen und schließlich doch noch nach Wunsch herauszubringen. Es läßt sich gar nicht ausdenken, was durch die mangelnde Rücksicht des Konstrukteurs auf den Gießer ständig an Werten vergeudet wird. Natürlich ist daran in erster Linie der Gießer selbst schuld, weil er seine Bedenken nicht äußert oder keine hat.

Das ist tatsächlich in Amerika im allgemeinen anders! Betrachtet man die Konstruktion von wirklich komplizierten Gußstücken, z. B. die des Chevroletzylinders, so erkennt man, daß sie von vornherein auf die Teilung des Modelles in der Zylinderachse zugeschnitten ist. Die Wände und Flanschen sind in Richtung auf die Teilfläche stark konisch, die Warzen für die Flanschenschrauben sind an den Zylinderkörper herangezogen, der ganze Kühlmantel ist so weit verkürzt (Abb. 22), daß man den Kern aufs billigste in einem Stücke machen und einlegen und die Bohrungskerne beim Einlegen gerade noch durch den Kühlmantelkern hindurchschieben kann. In einem anderen Falle ließen sich

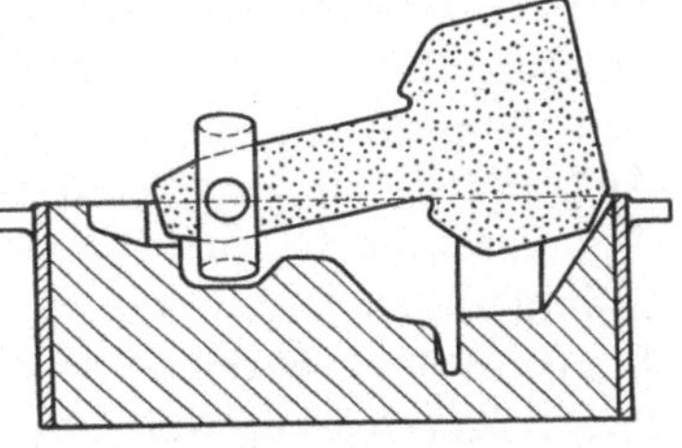

Abb. 22. Einlegen des Bohrungskernes in eine Automobilzylinderform.

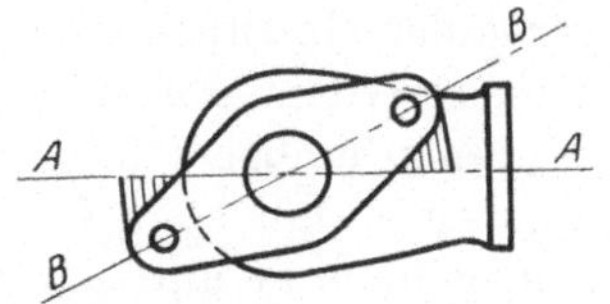

Abb. 23. Gußstück mit schiefem Flansch.

bei einem kleinen Armaturenteile (Abb. 23) die Flanschenschrauben mit Rücksicht auf die Zugänglichkeit nicht in die Teilungsebene A—A legen, andererseits ließ sich die Teilung nicht in die Schraubenebene $B\!-\!B$ legen wegen der sonstigen Form des Gußstückes. In diesem Falle würde man bei uns die gestrichelten Ecken entweder durch zwei Kerne ausfüllen oder bei Formmaschinenarbeit die beiden Ecken aus der Modellplatte herausarbeiten, dadurch die einfache Teilung der Form stören, durch das Abbrechen der Sandnasen Ausschuß riskieren — jedenfalls Umstände machen. Statt dessen gießt man drüben die gestrichelten Ecken einfach an den Flansch an und denkt auch nicht daran, sie nachträglich in der Putzerei abzuschleifen. Solche Beispiele ließen sich nach Bedarf vermehren ohne Aussicht, jemals dieses Thema zu erschöpfen, das, wie gesagt, auch für die Sandformerei von allergrößter Bedeutung ist.

Für den Dauerformguß aber ist es geradezu Voraussetzung, daß zunächst die Konstruktion des Gußstückes so abgeändert wird, daß das Stück sich bequem gießen und aus der Form herausnehmen läßt. Zunächst müssen die Wandstärken in Übereinstimmung gebracht werden. Starkwandige Stellen oder Ansätze schaden an sich nichts; es ist sogar ein besonderer Vorteil des Dauerformgusses, daß auch solche starken Stellen, die in der Sandform porös werden, in der Dauerform absolut dicht und gesund werden. Aber die Übergänge zwischen starkwandigen und dünnwandigen Teilen dürfen nicht zu schroff sein. Starke Hohlkehlen, sanfte Übergänge, überhaupt eine möglichst ausgeglichene Außenform der Gußstücke ist die wichtigste Voraussetzung für den Dauerformguß. Scharfe Kanten müssen gebrochen werden, da sie am Gußstücke doch nicht einwandfrei auslaufen, die Lebensdauer der Formen dagegen erheblich verkürzen; denn besonders bei bearbeiteten Stahlkokillen übt ein scharfer Einstich geradezu Kerbwirkung aus und gibt Veranlassung zum Einreißen der Form. Unterschneidungen in der Außenfläche sind nach Möglichkeit zu vermeiden. Wenn sie so zur Teilungsebene liegen, daß sie das Herausziehen der Gußstücke nicht behindern, so erschweren sie doch auf alle Fälle das freie Schwinden. Die Gußstücke schrumpfen auf die vorstehenden Formteile auf und geben ihre Wärme vorzugsweise an diese ab, so daß sie besonders schnell zerstört werden und die Lebensdauer der ganzen Form dadurch verringert wird. Oder wenn die unterschnittenen Stellen so liegen, daß sie das Ausleeren der Gußstücke verhindern, dann muß ein Sandkern zu Hilfe genommen werden. Ein solcher freischwebender Außenkern sitzt natürlich nie genau maßgerecht, denn ein gewisses Spiel muß man der Marke schon geben, damit beim Einlegen kein Sand abgestreift wird oder der Kern nicht klemmt und schief sitzt. Außerdem kostet das Anfertigen und Einlegen der Kerne wieder zusätzliche Löhne, und auf die Ersparnis von Löhnen kommt es beim Dauerformguß gerade an.

Es ist natürlich sehr schwer, einen Interessenten zu überzeugen, daß er dem neuen Verfahren zuliebe weitgehende Konstruktionsänderungen gutheißen soll, nachdem er seine Gußstücke vielleicht jahrelang in befriedigender Ausführung in Sandformguß bezogen hat. Deshalb führt sich auch der Dauerformguß leichter da ein, wo entweder der Guß im eigenen Betriebe verarbeitet oder als Handelsguß verkauft wird. Hier kann der Gießer seine Wünsche äußern und leichter in die Tat umsetzen, als wenn er erst die Zustimmung eines Kunden einholen muß. Ein interessantes Beispiel dafür bietet die Muffe des deutschen Schleudergußrohres (Abb. 24). Als man die bis dahin nach den deutschen Normalien von 1882 in Sand gegossenen Rohre 1924 zu schleudern begann, behielt man naturgemäß zunächst die alte Muffenform bei (schwach ausgezogene Linie). Es stellte sich aber bald heraus, daß am Übergange der Muffe zum zylindrischen Teile eine Änderung nötig war; denn die Rohre brachen hier häufig ab, und die Formen verschlissen an dieser Stelle schnell, indem sie radial einrissen. Man verstärkte also den Übergang der Muffe zum Rohre, wie die gestrichelte Linie zeigt, machte dabei aber den Fehler, daß man die ganze Muffe verstärkte, wodurch

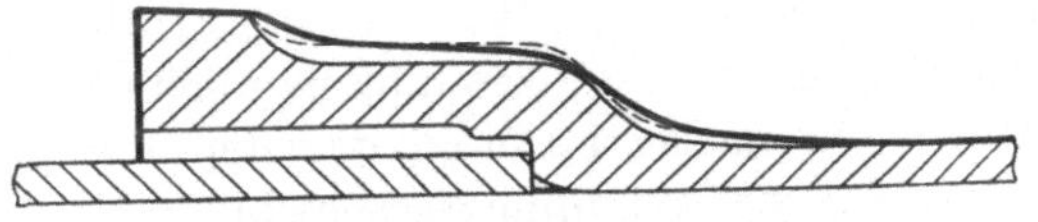

Abb. 24. Entwickelung des Muffenprofiles.
————— Deutsches Normalrohr von 1882.
------- Übergangsform (wieder verlassen).
▬▬▬▬ Deutsches Schleudergußrohr 1928.

im Grunde genommen die Fehlerquelle, die man beseitigen wollte, der krasse Absatz in der Wandstärke, noch verschärft wurde. Danach kam man auf das richtige Profil (stark ausgezogene Linie), das sich durch eine große Stärke am Muffenrande und einen sehr schlanken Übergang zum Rohrkörper kennzeichnet. Die neuen Schleuderrohre haben sich nicht nur praktisch bereits bewährt, sondern sind auch hinsichtlich der Form so vollendet schön, daß es fast zu bedauern ist, daß man beim Verlegen Erde daraufschaufeln muß.

β) **Herstellung der Form.** Erst wenn die Gestalt des Gußstückes endgültig festliegt, schreitet man zur Herstellung der Form. Soll diese aus einem gießbaren Werkstoffe, z. B. Gußeisen, hergestellt werden, so ist zunächst das Modell anzufertigen mit dem doppelten Schwindmaße des zu erzeugenden Gußstückes. Ob man das Modell aus Holz oder aus Gips anfertigt, ist an sich gleichgültig. Am besten ist es, man begnügt sich zunächst mit einem Gipsmodell; denn häufig zeigt sich während der Versuche, die man unweigerlich bei jedem neuen Gußstücke aufs neue anstellen muß, daß die Anordnung des Gußstückes in der Form noch geändert werden muß, und ein neues Gipsmodell ist dann schneller und billiger zu machen als ein neues Holzmodell. Über die Anordnung des Gußstückes in der Form, die natürlich das Wesentlichste bei der Anfertigung einer Dauerform ist, läßt sich nichts allgemein Gültiges sagen.

Manche Leute meinen, daß es richtig sei, die dickwandigen Teile der Gußstücke nach unten zu legen, um sie dicht zu bekommen. Ich halte es durchweg so, daß ich die dickwandigen Teile, die viel Eisen brauchen, gerade nach oben lege, damit das strömende Eisen nicht unnötig viele Teile der Form benetzt und dabei zerstört. Nur eine Regel gilt für die Anordnung der Gußstücke in der Form unbedingt: es darf keine gerade Fläche eines Flansches oder dergleichen oben liegen, da sich sonst die Luft unter dieser Fläche fängt und das saubere Auslaufen der Gußstücke verhindert. Eingüsse und Steiger läßt man im Gipsmodell zunächst voll, um sie hinterher aus der gegossenen Form auszuschneiden und ihre richtige Stärke erst auszuprobieren. Erst nach Beendigung dieser Vorarbeiten kann man dann zur Anfertigung des endgültigen Modelles aus Holz übergehen, bei dem man dann insbesondere auf die Einhaltung der richtigen Wandstärke an allen Stellen der Form achtet. Die Wandstärke der Form muß nämlich der Wandstärke des Gußstückes an jeder Stelle der Form entsprechen, damit die Temperatur der Form und damit die Abkühlungsgeschwindigkeit des Gußstückes gleichmäßig gehalten werden kann.

Das Gußeisen bietet als Werkstoff für die Formen den besonderen Vorteil, daß es die Herstellung der Formen bzw. Formhälften aus einem Stücke gestattet, während bei anderen Werkstoffen die Form je nach der Schwierigkeit des Gußstückes aus mehreren Teilen zusammengesetzt werden muß. Nur bei ganz einfachen Stücken ist es bei der Stahlform möglich, von der Teilungsebene aus durch Bohren oder Fräsen den gewünschten Hohlraum herzustellen; gewöhnlich aber muß man einzelne Teile der Form für sich bearbeiten und dann in die Form einfügen. Dieses Verfahren ist z. B. beim Spritzguß, wo man ausschließlich mit stählernen Formen arbeitet, allgemein üblich, und man unterteilt die Form hier auch gar nicht ungern, da die feinen Schlitze und Fugen, die zwischen den einzelnen Formteilen offen bleiben, die Entlüftung der Form beim Gießen und damit das scharfe Auslaufen der Gußstücke fördern. Auch beim Eisendauerformguß wirken die Fugen zusammengesetzter Formen natürlich in derselben Weise günstig auf den Ausfall der Gußstücke. Abb. 25 zeigt eine selbstgebaute Form für Rippenzylinder, die zwar aus Guß besteht, aber überall in der Mitte der Rippen geteilt ist, um ein scharfes Auslaufen der Rippen zu erzwingen. Wie der mitphotographierte Abguß zeigt, ist das durch diese Maßnahme auch vollauf gelungen; die Gußstücke wurden sogar mit bemerkenswert niedrigem Ausschußsatze gegossen, was ebenfalls auf die zusätzliche Entlüftung der Form durch die Fugen zurückzuführen ist.

Aber die Lebensdauer dieser Form war zu kurz. Die Schlitze zwischen den einzelnen Formteilen wirkten nämlich mit ihren winzigen Luftschichten isolierend, so daß die Wärme, die die Formwand aus den

Gußstücken aufzunehmen hatte, nicht über die ganze Form verteilt und von der gesamten Formoberfläche an die Luft abgegeben werden konnte. Infolgedessen wurden die eingesetzten Teile nach kurzer Zeit durch die gestaute Wärme zerstört. Das ist auch der Grund, warum man eine durch Unvorsichtigkeit an irgendeiner Stelle beschädigte Dauerform nicht flicken kann. Ist z. B., was häufig vorkommt, ein vorspringender Zapfen der Form an einem Abguß angeschweißt und abgebrochen, und bohrt man dann die beschädigte Stelle auf und paßt

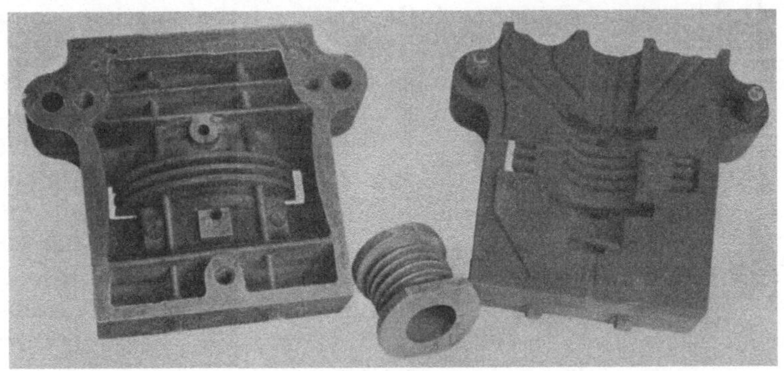

Abb. 25. Dauerform für Rippenzylinder.

einen Stift ein, den man der Form entsprechend vorn nacharbeitet, dann wird dieser Stift schon beim ersten Abguß rot, weil die Wärme trotz genauesten Einpassens des Stiftes nicht in die Formwand übertreten kann. Die Folge ist, daß der eingesetzte Stift schon beim zweiten oder dritten Abguß wieder anschweißt, so daß die ganze Mühe vergeblich war. Um also derartige Zerstörungen durch Wärmestau zu vermeiden, benutzt man beim Eisenguß am besten in einem Stück gegossene Dauerformen, die möglichst wenig nachgearbeitet werden, damit die Gußhaut als der widerstandsfähigste Teil des Materials erhalten bleibt.

Eine unangenehme Eigenschaft der geteilten Dauerform ist, daß sie sich im Gebrauche nach und nach verzieht, so daß sie dann in der Teilung nicht mehr dicht schließt. Man begegnet diesem Übelstande zunächst auf die Weise, daß man die Formhälften in der Teilebene nicht auf der ganzen Fläche zusammenliegen läßt, sondern rund um den Formhohlraum eine 10—20 mm breite Farce anordnet, die sich beim Verziehen der Form leichter nacharbeiten läßt. Besonders störend wirkt das Verziehen der Form bei langen Gußstücken, und man ist hier oft gezwungen, zu umständlichen Verstärkungen der Form zu greifen. Eine sehr interessante Lösung dieser Art von Myers ist in der Foundry 1925[13] beschrieben. Wie Abb. 26 schematisch zeigt, ist die Form auf einem besonderen Formträger befestigt, und zwar nur in der Mitte fest mit diesem verschraubt, so daß die eigentliche Form beim Gießen frei wachsen und schwinden kann. Oben und unten liegt die Form mit zwei Flächen an dem Formträger an. Diese Flächen sind, wie das Bild zeigt, nicht parallel zur Teilungsebene angeordnet, sondern schwach geneigt gegen diese. Wenn die Form nun unter der Einwirkung der Wärme beim Gießen wächst, während der Formträger kalt bleibt, dann wird der obere und untere Teil der Form zwangläufig durch die Neigung der Auflage- und Gleitflächen etwas nach vorn gedrückt, so daß die Form wieder tadellos schließt.

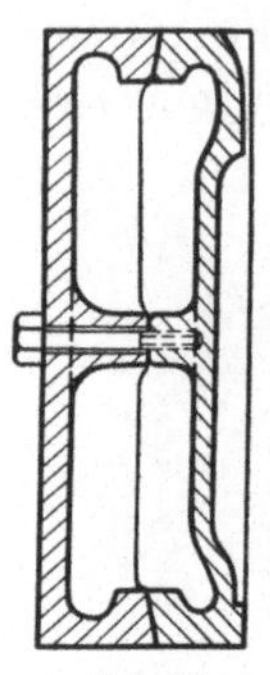

Abb. 26.
Formhälfte
nach Myers.

Zum Ausstoßen der Gußstücke aus der Form bedient man sich gewöhnlich einer mechanischen Vorrichtung. In der Formwand werden Ausstoßstifte angebracht, die auf der Rückseite der Form herausragen und beim Öffnen der Form durch geeignete Anschläge in die Form hineingedrückt werden. Wesentlich ist dabei, daß der Ausstoßstift das Gußstück ungefähr im Schwerpunkte trifft, und zwar an einer Stelle, wo er das Aussehen des Gußstückes nicht beeinträchtigen kann. Auf die richtige Anbringung der Ausstoßvorrichtung muß gewöhnlich schon bei der Anordnung des Gußstückes in der Form, also bei der Anfertigung des Modelles für die Form, Rücksicht genommen werden.

γ) Eingüsse und Steiger. Über die Anordnung der Eingüsse und Steiger läßt sich ebensowenig wie über die Anordnung der Gußstücke selbst in der Form etwas allgemein Gültiges sagen. Der Steiger wirkt beim Dauerformguß nur noch als Luftpfeife; denn die Erstarrung der Gußstücke geht in der metallischen Dauerform so schnell vor sich, daß an ein Nachsaugen von Material aus dem Steiger nicht ernstlich gedacht werden kann. Deshalb braucht der Steiger auch nur verhältnismäßig schwach zu sein, und vor allen Dingen braucht er sich nicht nach oben trichterförmig zu erweitern, da das unnötige Materialvergeudung bedeuten würde.

Der Einguß muß zunächst richtig dimensioniert sein, damit die Form so schnell wie möglich gefüllt wird. Ist der Einguß zu schwach, dann erstarrt das Material in der Form schon während des Gießens. Auf dem Spiegel des in der Form hochsteigenden Metalles bildet sich ein zähes Oxydhäutchen, das sich häufig dem Einguß gegenüber an irgendeiner Stelle der Formwand ansetzt und von dem hochsteigenden Eisen wie ein faltiger Lappen an der Formwand hochgedrückt wird. Oder es bilden sich an dem Gußstücke Mattschweißen, oder die Feinheiten der Form werden nicht scharf wiedergegeben. Ist der Eingußquerschnitt zu groß, dann besteht die Gefahr, daß das flüssige Metall nicht ruhig fließt, sondern in die Form hineinplätschert und sich überschlägt. Die Folge sind Spritzkugeln, wie sie in der Sandform bei zu großem Einguß wohl auch entstehen. Während sie sich aber beim Sandguß gewöhnlich in dem nachströmenden Metalle wieder lösen, erstarren diese Spritzer beim Dauerformguß augenblicklich, und die Abkühlung des nachfließenden Metalles geht so schnell vor sich, daß es nicht imstande ist, die Spritzer zurückzulösen. Diese bleiben also in Form kleiner Kugeln im Abguß eingeschlossen und machen ihn unverwendbar. Was die Stelle des Anschnittes anbelangt, so kommt bei der Dauerform hauptsächlich der direkte Guß von oben in Frage. Bei steigendem Gusse erhält man leicht dieselben Fehler wie bei zu kleinem Eingußquerschnitte: die abkühlende Wirkung der Dauerform auf das hochsteigende Metall ist so stark, daß es vor der Zeit erstarrt und Mattschweißen oder unscharfe Abgüsse ergibt.

Von besonderer Wichtigkeit ist die Gestalt des Eingusses, sowohl für den Ausfall der Gußstücke, als auch für die Lebensdauer der Formen. Denn von der Gestalt des Eingusses hängt die Gestalt des Strahles ab, und diese kann wieder zu mancherlei Fehlern Veranlassung geben. Der Sandformgießer pflegt sich über diese Dinge nicht viel Gedanken zu machen. Denn in der Sandform bleibt das Material, wenn die Wandstärke einigermaßen ausreichend ist, so lange flüssig, daß häufig auch grobe Fehler, die beim Anschneiden gemacht sind, sich nachträglich wieder ausgleichen. So können z. B. Luftsäcke, die in irgendeiner Ecke der Form von dem falschgeführten Metallstrahle eingeschlossen sind, aus der Sandform immer noch durch den porösen Formsand entweichen oder sogar durch das flüssige Metall nach oben steigen. In der Dauerform ist das aber nicht möglich, sondern das Material erstarrt hier gleichsam im Flusse, und das Gelingen des Gusses wird von vornherein durch die Führung des Strahles in der Form entschieden. Bei der Sandform läßt man im allgemeinen den Querschnitt des Eingusses nach dem Gußstücke zu abnehmen, um den Trichter „voll halten" zu können, und erreicht dadurch gegen seinen Willen, daß das flüssige Metall mit erhöhtem Druck in die Form eintritt und hier unter starkem Spritzen aufschlägt (Abb. 27). Bei der Dauerform dagegen hat es sich vorteilhaft

Abb. 27. Einguß mit abnehmendem Querschnitt bei einer Sandform.

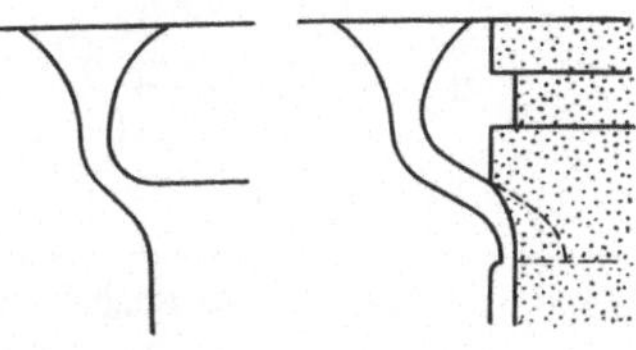

Abb. 28. Einguß mit düsenartig erweitertem Querschnitt.

Abb. 29. Einguß zur Führung des Eisens am Kern entlang.

gezeigt, den Eingußquerschnitt nach dem Gußstücke zu düsenartig etwas zu erweitern (Abb. 28). Auf diese Weise wird der Strahl entspannt und läßt sich nun ruhig an der Form- oder Kernwand (Abb. 29) entlang führen.

Zwei andere Ausführungsbeispiele für das Entspannen oder Abfangen des Eisenstrahles geben Abb. 30 u. 31. Hier wird gleichzeitig durch Verwendung von 3—4 Eingüssen die schnelle Verteilung des Metalles über die verhältnismäßig große Länge der Form erreicht. Wenn ein Sand-

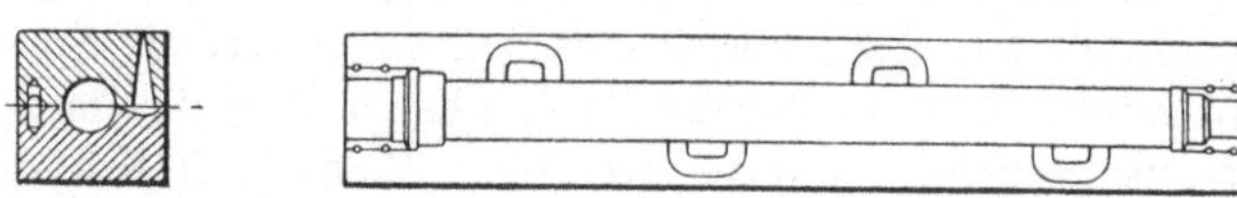

Abb. 30. Ältere Eingußform von Custer.

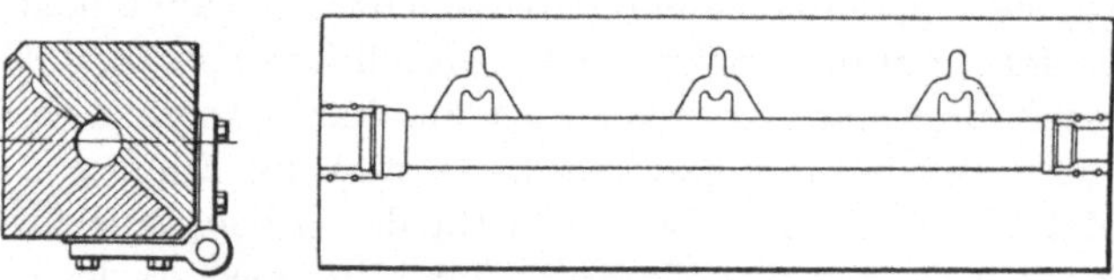

Abb. 31. Spätere Eingußform von Custer.

kern vorhanden ist, wird dieser vorteilhaft zur Führung des Strahles benutzt, da gerade das strömende Metall das Formmaterial besonders stark angreift, indem es mit der Wärmeabgabe an die benetzten Teile der Form schon im Vorbeifließen beginnt. Wo kein Sandkern vorhanden ist, muß daher ganz besondere Sorgfalt darauf verwendet werden, daß der Strahl dauernd geführt bleibt und nicht irgendwo frei auf eine Stelle der Form auftrifft. Sonst ist die Form verloren, denn es gibt keine Möglichkeit, eine metallische Dauerform gegen den Angriff flüssigen Metalles von hohem Schmelzpunkt und hoher Lösungsfähigkeit zu schützen. Und auch die nicht metallische Dauerform muß der Einwirkung eines freien Eisenstrahles schnell erliegen, da dieser entsprechend dem höheren spezifischen

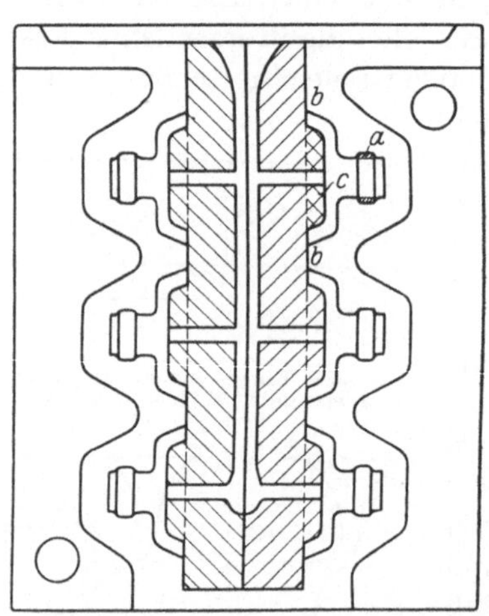

Abb. 32. Dauerform mit Eingußkern.

Gewichte des Eisens mit der 7,5fachen Energie eines Wasserstrahles die getroffenen Stellen auszuhöhlen trachtet.

Ein interessantes Ausführungsbeispiel für die Führung des Strahles durch den Kern zeigt Abb. 32. Es war eine kleine Haube von etwa 50 mm ⌀ und etwa 30 mm Höhe zu gießen. Infolge des um den Kopf der Haube laufenden Ringes *a* war es nicht möglich, die Form in der

Ebene *b—b* zu teilen und so den Ballen *c* mit in die Form zu nehmen. Die Teilung mußte vielmehr, wie in der Abbildung dargestellt, durch die Symmetrieebene des Gußstückes gelegt und für den Ballen *c* daher ein besonderer Sandkern vorgesehen werden. Man nahm nun gleich 6 solche Gußstücke in eine Form und vereinigte die 6 kleinen Kerne zur Erleichterung des Einlegens zu einem gemeinsamen Kerne. In diesen legte man gleich den gemeinsamen Einguß und die 6 Anschnitte hinein, so daß das Eisen für jeden Abguß durch den Ballen unmittelbar in den Formhohlraum eintreten konnte, also an keiner Stelle an der eisernen Formwand entlang zu strömen brauchte.

Über den Strahlverlauf beim Gießen hat Frommer[3] sehr interessante Untersuchungen angestellt und mit Hilfe der Gesetze der Hydrodynamik die unsichtbaren Vorgänge in der Form während des Gießens zu erklären versucht. Wenn die Frommersche Arbeit auch ausschließlich das Gießen unter Druck, also den Spritzguß betrifft, und daher nicht ohne weiteres auf andere Gießverfahren zu übertragen ist, so gibt sie doch eine Fülle von Anregungen. Man gewinnt den Eindruck, daß gerade dieses Gebiet von der Forschung bisher viel zu sehr vernachlässigt wurde. Denn was nützt es schließlich, daß wir Gußeisen mit 30 kg/mm² Festigkeit erschmelzen können, wenn wir nicht in der Lage sind, es blasen- und lunkerfrei zu vergießen, also garantiert fehlerfreie Gußstücke daraus zu erzeugen. Daß wir das aber mit der Sandform noch nicht können, und daß überhaupt im Grunde genommen, kein Gußstück unbedingt frei von inneren Fehlern die Gießerei verläßt, daran ist zum großen Teil der Umstand schuld, daß wir keine oder eine falsche Vorstellung haben über die Vorgänge in der Form während des Einströmens des flüssigen Metalles.

δ) **Kerne für Dauerformen.** Soll ein Hohlkörper gegossen werden, so ist, abgesehen von dem Schleudergußverfahren, auch bei der Dauerform das Einsetzen eines Kernes erforderlich. Dieser kann entweder aus demselben Material wie die Dauerform bestehen, also vorzugsweise aus Eisen oder Stahl, — oder man kann auch Sandkerne verwenden, die für jeden Abguß neu eingesetzt werden müssen. Wie in der Sandformerei sind bei der Dauerform sowohl grüne Sandkerne, als auch getrocknete Ölsandkerne im Gebrauch. Die Verwendung von grünen Sandkernen verlangt vor allen Dingen einen flotten störungsfreien Betrieb, da bei längeren Betriebspausen die grünen Kerne in den heißen Formen trocknen und abfallen.

An sich verdient bei der eisernen Form auch der eiserne Kern den Vorzug; denn nur so kann für ein einwandfreies Passen und Festsitzen der Kerne, also für die Maßhaltigkeit der Gußstücke Gewähr geleistet werden. Der Spritzguß, dem es hauptsächlich auf die Maßhaltigkeit der Abgüsse ankommt, verwendet deshalb auch ausschließlich metallische

Kerne, und es gelingt auch — sogar beim Aluminiumspritzguß — durchaus, die Kerne rechtzeitig aus dem Abguß zu entfernen, obwohl doch das Aluminium ein größeres Schwindmaß hat als Eisen. Beim Eisenguß in Dauerformen wurde die Verwendung von eisernen Kernen auch zeitweilig versucht, so z. B. von Custer[10]. Diese Versuche haben aber bisher zu keinem Erfolge geführt; denn durch die Verwendung von eisernen Kernen in eisernen Formen wird das eingegossene Eisen von innen und außen so stark abgeschreckt, daß der Abguß völlig weiß erstarrt. Das weiße Eisen hat aber nicht nur ein größeres Schwindmaß als das graue, sondern es ist vor allen Dingen so spröde, daß das Gußstück, auch wenn der Kern noch rechtzeitig hat gezogen werden können, bei der geringsten Berührung zerspringt.

Man ist deshalb beim Eisenguß in Dauerformen durchweg vom Eisenkern abgekommen und benutzt fast nur noch den Sandkern. Dieser hat zunächst den Nachteil, daß er für jeden Abguß neu angefertigt werden muß, also den Hauptanreiz zum Arbeiten mit Dauerformen, die Ersparnis von Löhnen, teilweise hinfällig macht. Sodann aber hat der Sandkern den Fehler, daß sein Material nicht zu dem Material der Dauerform paßt. Die Marke des Sandkernes läßt sich nicht so lehrenhaltig machen, daß sie mit der für die Dauerform wünschenswerten geringen Toleranz paßt. Ist sie zu klein, dann liegt der Kern in der Marke nicht fest und verschiebt sich beim Gießen; ist die Marke dagegen zu groß, dann schließt die Form nicht. Gegen diese Übelstände hilft man sich durch Kontrollieren der Kerne mit Lehren — das bedeutet aber eine neue Verteuerung —, oder durch Verwendung von eisernen Marken, die in den Sandkern mit eingestampft werden. Aber auch diese, selbstverständlich bearbeiteten, Eisenmarken passen oft schon nach kurzer Zeit nicht mehr, denn sie verändern durch das wiederholte Erwärmen in der Trockenkammer ihre Form, setzen Schwärze an, stampfen sich schief ein und — verteuern auch wieder den Kern sowohl, wie die ganze Einrichtung.

Alle diese Schwierigkeiten beim Verwenden von Sandkernen sind jedoch unwesentlich und lassen sich mit Erfolg beheben, solange die Kernmarken in der Teilungsebene liegen. Wenn aber fliegende Kerne seitlich in die stehende Form eingesetzt werden müssen, dann gibt es trotz aller Sorgfalt viel Ausschuß. Denn ein solcher Kern, der bei der schnellen Gießfolge nicht durch eine geeignete Vorrichtung auf der Rückseite der Form befestigt werden kann, haftet natürlich in der eisernen Marke der Dauerform nicht so fest, wie in einer Sandform. Er wackelt, fällt manchmal schon beim Schließen der Form heraus, hängt schief und ergibt einseitige Abgüsse. Und nachdem man geglaubt hatte, bei der Dauerform sei man gesichert vor sandigen Abgüssen, macht der Sandkern auch diese Hoffnung zuschanden. Denn an den scharfen Kanten der Dauerform streift beim Einlegen des Kernes oder beim Schließen der Form natürlich noch viel leichter Sand von dem Kerne ab als in der grünen Sandform, bei der gerade durch die Nachgiebigkeit des Formstoffes in den Kernmarken die innige Verbindung von Form und Kern zu einem Ganzen erreicht wird. Die Kombination Eisenform-Sandkern ist also eine denkbar ungünstige und bildet fraglos einen der Hauptgründe, weshalb die Verwendung von Dauerformen noch nicht weiter verbreitet ist. Solange aber kein anderer Weg gefunden ist, muß man die geschilderten Schwierigkeiten wenigstens dadurch mildern, daß man die allergrößte Sorgfalt bei der Herstellung der Kerne beobachtet.

ε) **Luftabführung.** Die Abführung der Luft aus der Form spielt, wie bereits erwähnt, beim Dauerformguß eine weit größere Rolle als beim Sandformguß, bei dem die Entlüftung der Form weitgehend durch die natürliche Porosität des Formstoffes unterstützt wird. Bei der Dauerform fällt die Porosität des — meist metallischen — Formstoffes fort, und die Luft muß ausschließlich durch geeignete Kanäle aus der Form geführt werden. In erster Linie dient diesem Zwecke der Steiger; er wird daher an der höchsten Stelle des Gußstückes angesetzt und nach dem Gußstück zu geteilt oder erweitert, damit die Luft unter allen Umständen ihren Weg aus der Form findet und sich nicht in den höher gelegenen Stellen der Form fängt. Es ist ein kennzeichnendes Merkmal des Dauerformgusses, daß die in der Form oben liegenden Teile der Gußstücke nicht scharf auslaufen. Daran ist allerdings nicht allein die Luftabführung schuld, sondern vor allem der Umstand, daß die obere Schicht des in der Form hochsteigenden Metalles schon zu erstarren beginnt, ehe die Form ganz ausgefüllt ist. Wenn diese Schicht dabei auch noch auf einen Luftwiderstand stößt, dann hat sie nicht mehr die Kraft und den Flüssigkeitsgrad, um die Luft aus der Form zu drücken und den Hohlraum selbst auszufüllen. Wie schon Custer erkannt hat, ist es übrigens nicht unbedingt nötig, Steiger und Luftkanäle, die ins Freie führen, an solchen Stellen der Form anzubringen, wo die Gußstücke schlecht auslaufen, sondern es genügt häufig, einfach eine Auslaufrippe oder irgendeinen Ansatz auf das Gußstück zu setzen, um die Oberflächenspannung zu brechen und das Eisen zum Auslaufen zu zwingen. Custer hatte zu diesem Zwecke auf Abflußrohre von etwa 1,6 m Länge eine Rippe von 3 mm Breite und Höhe aufgesetzt (vgl. Abb. 31). Der mehr oder weniger scharf mit auslaufende Grat muß hinterher beim Putzen fortgeschliffen werden, wenn es nicht gelingt, den Abnehmer von der Notwendigkeit einer solchen Maßnahme zu überzeugen.

Wenn das Gußstück seitlich irgendwelche Ansätze hat — sei es auch nur ein kleiner Flansch oder eine Warze von einigen Millimetern Stärke —, so ist es nötig, diese Stelle besonders zu entlüften, damit sie scharf ausläuft. Liegt der Ansatz in der Teilungsebene, so zieht man ihn am besten durch eine schräge Feder von 1—2 mm Stärke an den Hauptkörper heran (Abb. 33). Der sich dann am Gußstücke bildende Grat läßt sich beim Putzen leicht entfernen und fällt gewöhnlich schon in der Putztrommel von selbst heraus. Liegt der Ansatz aber senkrecht zur Teilung, so ist es erforderlich, an dieser Stelle die Formwand zu durchbohren und einen Stopfen einzuziehen, dem man zweckmäßig seitlich ein paar Rillen anfeilt, die eben stark genug sind, um die Luft schnell durchzulassen.

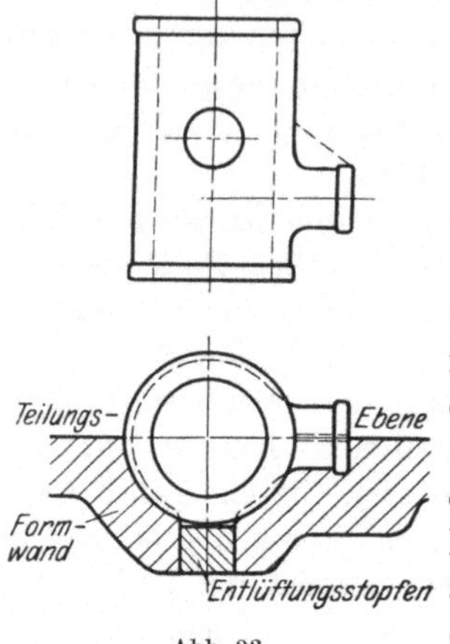

Abb. 33.

Gußstück mit seitlichen Ansätzen.

Es ist erstaunlich, wie solche Luftpfeifen, auch ohne angefeilte Rillen, wirken. Die Kontur des Gußstückes, die vorher an der betreffenden Stelle verschwommen war, wird in der Nähe der Luftpfeife haarscharf, so daß sich sogar die Umrisse des eingesetzten Stopfens mitsamt den angefeilten Rillen durch einen feinen Grat am Abguß abbilden. Diese Wirkung kann man sich gar nicht allein durch die Abführung der Luft erklären, denn bei derartig flachen Ansätzen wie in Abb. 33 müßte eigentlich die Luft beim Gießen ohne Schwierigkeiten nach oben steigen können. Die Wirkung der Luftpfeifen scheint vielmehr in erster Linie darauf zu beruhen, daß sie die Oberflächenspannung des flüssigen Metalles aufheben. Infolge dieser gewaltigen Oberflächenspannung liegt nämlich das flüssige Metall normalerweise gar nicht an der Formwand an, sondern bildet innerhalb des Formhohlraumes einen Körper, der nur ungefähr der Gestalt des Hohlraumes folgt und rundum zusammengehalten wird durch die Kohäsion der Flüssigkeitsteilchen selbst. An den Stellen aber, wo die Formwand unterbrochen ist, tritt an Stelle der Kohäsion die Adhäsion; die bis dahin überall träge und konvexe Haut ist plötzlich geneigt, eine konkave Form anzunehmen. Dieselbe Wirkung haben auch die Teilfugen bei zusammengesetzten Formen, doch wurde bereits oben erwähnt, daß der vorteilhaften Wirkung solcher Teilfugen auf die Entlüftung der Form und das Aussehen der Gußstücke die sehr nachteilige Wirkung der Wärmestauung gegenübersteht, so daß der übermäßigen Anwendung von solchen Unterteilungen sowie von Luftpfeifen eine verhältnismäßig enge Grenze gesetzt ist.

b) Betriebstemperatur der Formen.

Die Anfertigung der Form, die im vorigen Abschnitte ausführlich beschrieben wurde, ist nun nicht das eigentlich Schwierige bei den Dauerformverfahren, sondern mit der nötigen Erfahrung, oder beim

ersten Versuche mit der nötigen Geduld und Findigkeit gelingt es, fast
für jedes Gußstück eine brauchbare Dauerform zu bauen. Es ist deshalb auch nicht anzuzweifeln, daß sogar schon Radiatoren in Dauerformen gegossen sind, wie Custer[7] und Schwartz[14] es für sich in Anspruch nehmen. Die Erbauer solcher Dauerformen haben nur meistens,
nachdem ihnen einige Abgüsse gelungen waren, ihren Erfolg überschätzt
und sich eingebildet, ein neues Verfahren erfunden zu haben, bis sie
dann im Dauerbetriebe eines besseren belehrt wurden.

α) **Gleichmäßige Durchschnittstemperatur.** Die Hauptbe-
triebsschwierigkeit beim Gießen von Eisen in Dauerformen besteht
darin, ohne besondere Meßgeräte und Umstände eine gleichmäßige
Temperatur der Formen einzuhalten. Bei jedem Gusse wird der Form
eine bestimmte Wärmemenge zugeführt, und diese Wärmemenge muß
bis zum nächsten Gusse mit oder ohne Anwendung künstlicher Kühl-
mittel wieder aus der Form abgeführt werden. Anderenfalls bleibt bei
jedem Gusse ein kleiner Wärmerest in der Form zurück, der ihre Temperatur jedesmal um einen entsprechenden Betrag erhöht, bis die Form
schließlich rotglühend wird und durch eine längere Betriebspause abgekühlt werden muß. Die Regulierung der Formtemperatur wird am
einfachsten erreicht durch die Veränderung des Zeitabstandes zwischen
den einzelnen Abgüssen. Gießt man sehr flott, so hat die Form natürlich
wenig Zeit abzukühlen und infolgedessen die Neigung, warm zu werden;
gießt man sehr langsam, so besteht die Gefahr, daß die Form stärker abkühlt, als erwünscht ist. Von erheblichem Einfluß auf die Formtemperatur ist natürlich auch die Zeitdauer, während der die Gußstücke in der
Form bleiben. Über den Einfluß dieser Abkühlungsdauer auf die Beschaffenheit des Gußstückes selbst wird noch unten die Rede sein. Für
die Formtemperatur bedeutet es jedenfalls einen großen Unterschied,
ob das Gußstück bis auf 800° C oder bis auf 500° C in der Form abgekühlt wird. Je länger das Gußstück sich in der Form befindet, desto
mehr Wärme gibt es an diese ab und desto länger muß man wieder bis
zum nächsten Abguß warten.

Es ist deshalb nötig, für jede einzelne Form die richtige Gußfolge
und Abkühlungsdauer durch besondere Versuche zu bestimmen und
dann erst diese Form auf eine automatische Gießmaschine zu setzen,
die auf diese Abkühlungsdauer (Öffnen der Form und Auswerfen des
Gußstückes) und Gußfolge (Schließen der Form) eingestellt wird. Die
Verschiedenheit dieser Betriebszeiten bei verschiedenen Gußstücken
läßt sich wohl bis zu einem gewissen Grade ausgleichen durch Änderung der Wandstärke der Form oder bei Verwendung von gekühlten
Formen durch Veränderung der Kühlmittelmenge. Aber es leuchtet
ein, daß richtiger die individuelle Behandlung jeder einzelnen Form
sein muß, so daß also die Anwendbarkeit der automatischen Gieß-

maschinen von Holley und Myers sich auf den Sonderfall beschränken muß, wenn der ganze Drehtisch mit zwölf oder fünfzehn gleichen Formen für gleiche Gußstücke besetzt werden kann. Im anderen Falle ist ein Gießautomat zur Bedienung einzelner Formen vorzuziehen, bei dem der Gießer nach dem Abgießen der Form durch einen Fußhebel die Maschine einrückt, die dann durch eine entsprechend eingestellte Nockenscheibe nach der richtigen Abkühlungszeit selbsttätig die Form öffnet und ausleert und — nach Ablauf des besonders eingestellten Mindestgießabstandes — die Form automatisch wieder schließt. Wenn dann der Gießer die Form nicht sofort wieder abgießt, dann ist das auch nicht gefährlich, da die geschlossene Form bei Luftkühlung nicht so schnell abkühlt wie die geöffnete. Jedenfalls wird aber, was für die Lebensdauer der Form die Hauptsache ist, das zu schnelle Gießen verhindert, denn der Gießer kann erst wieder abgießen, nachdem die Maschine die Form geschlossen und damit zum Abgießen freigegeben hat.

β) Untersuchungen über die Höchsttemperatur. Während die im Vorhergehenden besprochene durchschnittliche Höhe der Formtemperatur für die gleichmäßige Abwicklung des Gießbetriebes mit Dauerformen von besonderer Bedeutung war, ist für die Lebensdauer der Form selbst eine andere Frage von noch größerer Wichtigkeit: welche

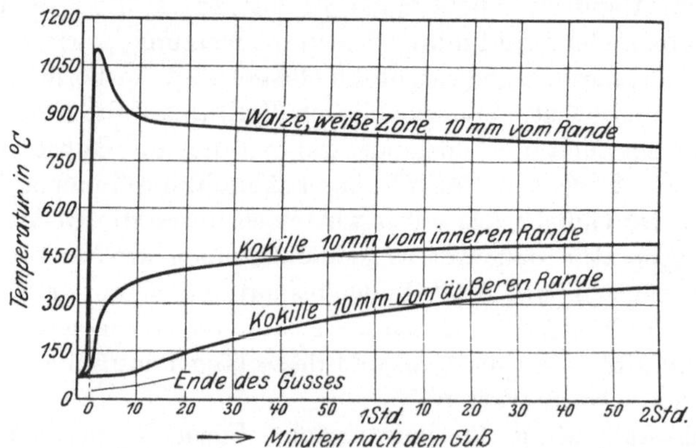

Abb. 34. Temperaturverlauf im Gußstück und in der Kokillenwand beim Walzenguß (nach Schüz).

Höchsttemperatur die Form, bzw. die vom flüssigen Metalle bespülte Innenfläche der Form bei jedem einzelnen Abguß annimmt und welche Temperaturbewegung die Form danach zusammen mit dem abkühlenden Gußstücke durchmacht. Über diese Frage liegt bisher nur eine Untersuchung von Schüz[18] vor aus dem verwandten Gebiete der Herstellung von Hartgußwalzen mit Kokillen. Der Unterschied gegenüber den Dauerformverfahren besteht allerdings darin, daß die beim Walzenguß verwendeten Kokillen eine wesentlich größere Wandstärke haben — in dem vorliegenden Falle 190 mm — und nicht mehrmals hintereinander abgegossen werden. Aber trotzdem sind die Beobachtungen von Schüz über die Erwärmung der einzelnen Kokillenschichten und den Wärmefluß in der Kokille sehr wohl auf die Dauerform anwendbar, und die Ergebnisse darum in Abb. 34 wiedergegegeben. Man erkennt aus der graphischen Darstellung, daß die Kokille vor dem Gusse auf 60° C vorgewärmt war. Die Erwärmung der Innenschicht begann kurz nach dem Eingießen des Eisens und erreichte nach 3 Minuten eine Höhe von etwa 320° C. Von da ab nahm die Erwärmung langsamer zu, um nach etwa 2 Stunden das Maximum von 520° C zu erreichen. Die Außenschicht änderte ihre Temperatur während der ersten 5 Minuten gar nicht, um dann langsam in $1^3/_4$ Stunden das Maximum von 380° C zu erreichen. Bei den dazwischenliegenden Schichten verlief die Temperatur in ähnlicher Weise zwischen diesen Grenzen. An diesen Untersuchungen ist interessant, daß die Innenschicht nur auf 520° C kommt und diese

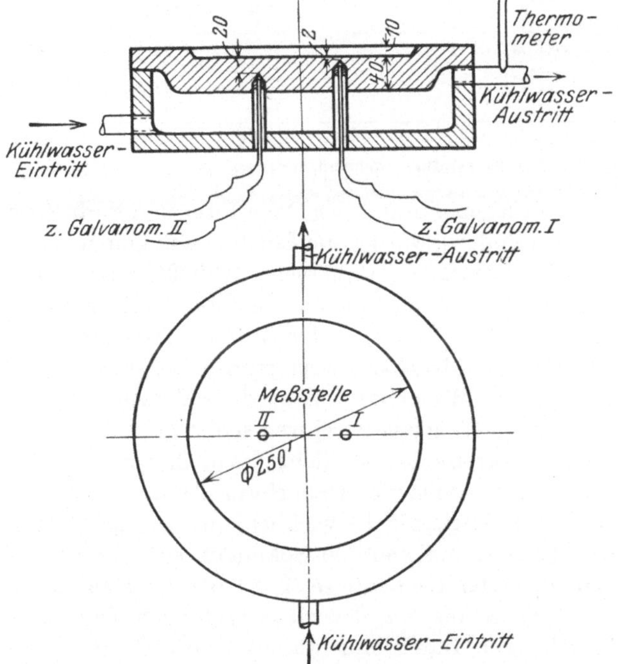

Abb. 35. Versuchsform zur Ermittelung des Temperaturverlaufs und der Höchsttemperatur.

Temperatur erst nach fast 2 Stunden erreicht, während das Gußstück um diese Zeit noch 950° C bzw. in der äußeren Randschicht etwa 800° C hat. Der Grund für diese verhältnismäßig niedrige Kokillentemperatur liegt darin, daß zwischen der äußeren Kruste des Gußstückes und der

Innenwand der Kokille ein allerdings kaum meßbarer Zwischenraum besteht, der mit Gasen angefüllt ist, die die Kokille vor der unmittelbaren Berührung mit dem Gußstücke schützen.

Da außer dieser Mitteilung aus dem Gebiete des Walzengusses keine Temperaturmessungen an Dauerformen bekannt geworden sind, wurde diese überaus wichtige Frage zum Gegenstand einer eingehenden Untersuchung gemacht. Verwendet wurde eine wassergekühlte Versuchsform nach Abb. 35. Die Wandstärke der tellerartigen Dauerform betrug 40 mm, die Meßstelle I lag 2 mm — Meßstelle II 20 mm unter der Oberfläche. Um eine möglichst innige Verbindung der verwendeten

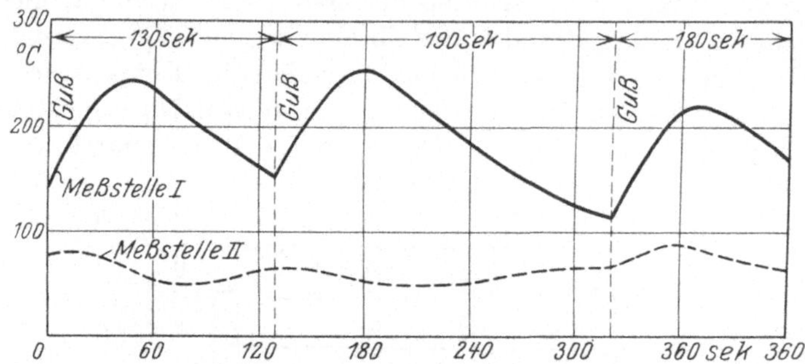

Abb. 36. Formtemperaturen während dreier aufeinander folgender Güsse.

Eisen-Konstantan-Elemente mit der Dauerform und dadurch möglichst genaue Werte zu erhalten, wurden die Lötstellen mit einer Blei-Antimon-Legierung in den Bohrungen vergossen. Abb. 36 zeigt das Schaubild dreier mit etwa 3 Minuten Abstand aufeinanderfolgender Abgüsse. Man erkennt, daß das Maximum der Meßstelle I durchweg zwischen 200 und 250° C lag. Als Höchstwert wurde bei schnellerer Gußfolge 350° C gemessen. Das Maximum wurde jedesmal nach rund 50 Sekunden erreicht, während die Abgüsse durchweg schon nach 25 Sekunden vollkommen erstarrt waren. Es ist nicht anzunehmen, daß die Höchsttemperatur an einer Stelle der Dauerform 2 mm unterhalb der vom flüssigen Eisen benetzten Fläche wirklich nur ungefähr 250° C betrug und vor allen Dingen erst nach 50 Sekunden erreicht wurde, sondern die Empfindlichkeit der Elemente reichte trotz des Eingießens der Lötstellen offenbar nicht aus, um den zu erwartenden Temperaturstoß in der Innenschicht der Dauerform während des Gießens zu erfassen.

Diese Vermutung wurde durch einfache Eichversuche bestätigt. Die Form wurde auf eine konstante Temperatur von 265° C erwärmt und das Thermoelement plötzlich in die Meßstelle eingeführt und fest angedrückt. Das Galvanometer zeigte dabei regelmäßig erst nach etwa 50 Sekunden das Maximum der tatsächlichen Formtemperatur an, ganz gleichgültig, ob die Eigentemperatur des Elementes beim Einführen in die Meßstelle

20 oder 135° C betrug (Abb. 37). Wurde dagegen die Lötstelle des Elementes in ein Zinnbad eingetaucht, so machte der Zeiger des Galvanometers einen Sprung und stellte sich nach kurzem Pendeln schon in etwa 5 Sekunden auf die richtige Temperatur ein (Abb. 38). Diese Ver-

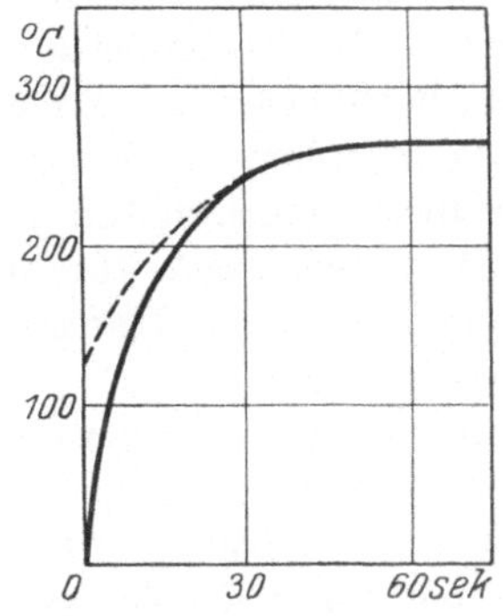

Abb. 37. Eichversuch zur Ermittelung der
Empfindlichkeit der Meßgeräte.

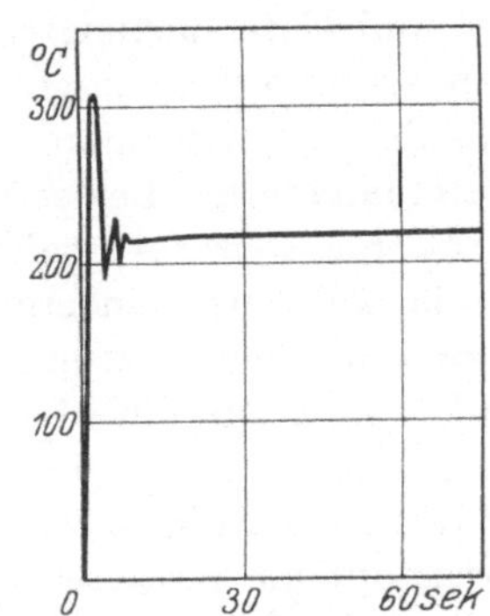

Abb. 38. Eichversuch. Eintauchen der
Lötstelle in ein Zinnbad.

gleichsversuche zeigten also, daß die Empfindlichkeit des Galvanometers in der Tat ausreichen würde, um die vermuteten Temperaturstöße anzuzeigen, daß aber die Verbindung der Lötstelle nicht innig genug hergestellt werden konnte, um das wirkliche Temperaturmaximum zu erfassen. Es wurde deshalb versucht, den wahren Temperaturverlauf in der Innenschicht der Dauerform hypothetisch zu entwickeln. Durch Vervollständigung der aufgenommenen Kurven kommt man zu der in Abb. 39 dargestellten Kurve, die als Höchsttemperatur ungefähr 400° C nach 10 Sekunden ergibt.

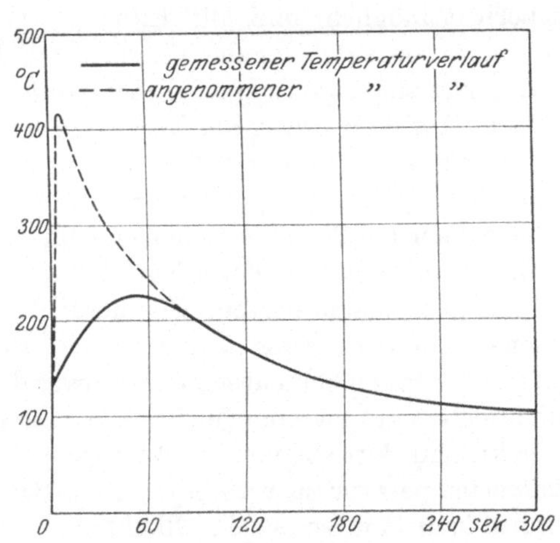

Abb. 39. Hypothetische Kurve.

Diese Annahme kann für die Schicht 2 mm unterhalb der vom Eisen bespülten Formfläche sehr wohl zutreffen, für die Innenfläche selbst dürfte die Höchsttemperatur noch etwa 100—200° C höher liegen. Dafür spricht der Umstand, daß bei den weitaus meisten vernichteten Dauerformen in der Innenschicht bis zu 0,1—0,2 mm Tiefe ein deutlicher Perlitzerfall festzustellen ist, wie er erst bei 500—600° C einzutreten pflegt.

γ) **Diskussion der richtigen Formtemperatur.** Der vorliegende Abschnitt über die Betriebstemperatur der Dauerformen, in dem die Wichtigkeit der Einhaltung einer gleichmäßigen Temperatur geschildert und Untersuchungsergebnisse über die Höchsttemperatur und den Temperaturverlauf ausgewertet werden, hätte eigentlich eingeleitet werden sollen durch die klare Kennzeichnung der richtigen oder günstigsten Formtemperatur. Leider ist die Angabe dieser richtigen Temperatur aber nicht ohne weiteres möglich, weil die Ansichten gerade über diesen Punkt sehr weit auseinandergehen und gerade hierin ein Hauptunterschied zwischen den einzelnen Dauerformverfahren liegt.

Für die Anwendung einer bestimmten Formtemperatur kann man sich aus zwei Gründen entscheiden. Entweder man sucht diejenige Formtemperatur, die für die Lebensdauer der Form die geeignetste ist, also dem Formstoffe am besten entspricht, oder man wählt die Temperatur, die für die zu erzeugenden Gußstücke am vorteilhaftesten ist, das ist also beim Gießen von Gußeisen in Dauerformen diejenige Formtemperatur, die es gestattet, bearbeitbare, weiche Gußstücke zu erzeugen, die keiner Nachbehandlung durch Glühen mehr bedürfen. Das ist aber, wie später noch ausführlich gezeigt werden wird, zur Zeit noch nicht mit unbedingter Sicherheit möglich, und alle Erfinder, die sich diese Aufgabe gestellt hatten, haben entweder die Versuche mit Dauerformen überhaupt aufgeben, oder sich zum nachträglichen Glühen der Gußstücke entschließen müssen. Die Bedeutung der Formtemperatur für den Ausfall der Gußstücke tritt also gewissermaßen zurück, so daß für die Wahl der durchschnittlichen Formtemperatur in erster Linie die Rücksicht auf die Lebensdauer der Form entscheidend bleibt.

Bei der metallischen Form ist wohl eine Betriebstemperatur von etwa 200° C am zweckmäßigsten. Bei dieser Anfangstemperatur braucht die Innenschicht beim Eingießen des Eisens sich nicht zu stark gegenüber den rückwärtigen Schichten der Formwand zu erwärmen und zu dehnen, und andererseits ist eine gewisse Wärmereserve vorhanden, so daß bei einer kleinen Betriebspause nicht sogleich eine Abkühlung der Form auf Zimmertemperatur zu befürchten ist. Man hält diese Temperatur durch Luftkühlung bzw. schwache Ölkühlung. Wasser kühlt bereits zu stark und bei stillstehender Dauerform zu ungleichmäßig, da sich unmittelbar hinter der Formwand eine isolierende Dampfschicht bildet, ohne daß die allgemeine Temperatur des Kühlwassers übermäßig stiege. Bei der Versuchsform nach Abb. 35 z. B. betrug die Kühlwassereintrittstemperatur 13° C, die Austrittstemperatur wurde mit durchschnittlich 25° C und höchstens 37° C gemessen. Trotzdem waren bei dieser Austrittstemperatur schon heftige Dampfstöße in der Austrittsleitung festzustellen. Das Wasser wird daher zum Kühlen von Dauerformen für Eisenguß nur beim Schleudergußverfahren verwendet, weil hier auf der Außenwand der sich schnell drehenden Form natürlich die Entstehung einer isolierenden Dampfschicht unmöglich ist.

Mit einer Betriebstemperatur von etwa 200° C arbeiten die meisten der bekannt gewordenen Dauerformverfahren. Vielfach wird die Form vorher auf diese Temperatur angewärmt, häufig dienen auch die ersten Abgüsse einfach zum Anwärmen der Form. Es leuchtet ein, daß in diesem Falle die Innenschicht der Form besonders stark mitgenommen wird, wenn sie beim ersten Abguß plötzlich von Zimmertemperatur auf 500—600° C erwärmt wird. Ein vorhergehendes Anwärmen der Form auf wenigstens 50—100° C verdient daher unbedingt den Vorzug. Ist die Betriebstemperatur einmal erreicht, so wird sie durch die aufeinanderfolgenden Abgüsse von selbst erhalten, und es muß durch Einhaltung einer ganz bestimmten Gußfolge oder durch Anwendung von besonderen Kühlmitteln dafür gesorgt werden, daß die Temperatur nicht höher als erwünscht steigt. Custer, der möglichst massive und dickwandige Formen benützte, arbeitete in dieser Beziehung am ungünstigsten. Denn bei seinen Formen mußte die aus dem Abguß aufgenommene Wärme nach dem Ausleeren fast ausschließlich aus der Innenfläche der geöffneten Form an die Atmosphäre abgegeben werden. Es wurden dadurch nach jedem Abguß längere Betriebspausen erforderlich. Die Custersche Form für Abflußrohre hatte laut Simmersbach[8] z. B. 150—180 mm Wandstärke und ein Gewicht von 3200 kg. Im Gegensatz dazu hatte Rolle schon vorher mit viel geringerer Wandstärke von 20 mm gearbeitet. Bei seinen Formen fand die Wärmeabgabe an die atmosphärische Luft also auch auf der Rückseite der Formen statt, so daß er verhältnismäßig schneller gießen konnte als Custer. Von den späteren Verfahren benutzen Holley und Myers nur eine schwache Luftkühlung, deren Wirkung durch Anbringung von Kühlrippen auf der Rückseite der Form vielfach unterstützt wird. Schwartz verwendet Ölkühlung mit einer außerordentlich komplizierten Reguliervorrichtung, die aber völlig überflüssig ist, da ihr Hauptzweck, die Erzeugung von weichen Abgüssen ohne nachträgliches Glühen, wie bereits erwähnt, praktisch doch nicht erreicht wird.

Eine ganz außergewöhnliche Arbeitsweise wendet schließlich L. Cammen[19] an. Er heizt seine Formen für Schleuderguß in besonderen Glühöfen auf 700—870° C und verwendet sie in diesem rotglühenden Zustande. Cammen gibt selbst zu, daß er große Schwierigkeiten gehabt habe, den richtigen Formstoff zu finden, und daß nur hoch chromhaltige Stähle in Frage kämen. An anderer Stelle schreibt er, daß er auf Chromnickellegierungen gekommen sei, da nur diese ein geringeres Schwindmaß als das gegossene Material hätten, was für das Herausziehen der

Abgüsse aus der heißen Form wesentlich sei. Nach Pardun wird die Form von Cammen nur zum Schleudern von hohlen Stahlblöcken für das Röhrenwalzwerk verwendet.

Es erscheint auch ausgeschlossen, Gußeisen in derartig heißen Formen zu gießen, sondern wie schon Custer[8] festgestellt hat, „liegt die höchste zulässige Formtemperatur bei etwa 370°C. Wird die Form darüber hinaus auf etwa 600° C erhitzt, so tanzt das flüssige Eisen in der Form wie Wasser auf einer heißen Platte, und das erkaltende Rohr besteht aus einem Konglomerat von kleinen Kügelchen". Die Verwendung von heißen Dauerformen kommt aus diesem Grunde nicht in Frage, obwohl es nach Ansicht von Stahlfachleuten für die Lebensdauer stählerner Dauerformen viel günstiger wäre, die Temperatur ständig auf größerer Höhe zu halten, anstatt sie bei jedem Gusse um die Umwandlungspunkte des Formmaterials schwanken zu lassen.

c) Beanspruchung und Verschleiß.

α) **Physikalische Beanspruchung der Dauerformen.** Eine besonders interessante und zum Teil noch gänzlich offene Frage ist die der tatsächlichen Beanspruchung des Werkstoffes von Dauerformen im Betriebe. Daß die Formen durch die fortwährende Ausdehnung und Zusammenziehung unter der Einwirkung der Temperatur des flüssigen Eisens außerordentlich hoch beansprucht werden, steht fest. Die Folge dieser Beanspruchung sind Ermüdungserscheinungen der Forminnenfläche, die alsbald Risse erhält und infolge der bleibenden Dehnung wächst, so daß die Risse aufbrechen und an den Rändern gleichsam hervorquellen. Die bleibende Dehnung der Innenschicht hat vor allen Dingen die Entstehung von Spannungen zwischen der Innen- und Außenschicht der Formwand zur Folge, die manchmal zu einem völligen Zerspringen der Form führen. Aber auch wenn die Spannungen zum Zerstören der Form nicht ausreichen, verursachen sie doch häufig ein Verziehen und Werfen der Form, so daß die Abgüsse nicht mehr maßhaltig und daher unbrauchbar sind. Bei den geteilten Formen wirkt sich das Verziehen gewöhnlich am stärksten in der bearbeiteten Teilungsfläche aus. Die Folge ist dann, daß die Form nicht mehr dicht schließt und infolgedessen überhaupt nicht mehr abgegossen werden kann. Man schützt sich gegen diese Erscheinung am besten, indem man die Wandstärke der Form von vornherein nicht zu groß macht. Rolle verlangt, daß die Wandstärke der Form der Wandstärke des Gußstückes genau entsprechen soll. Wenn das nun auch nicht ganz zu erreichen ist, und nach Rolle selbst eine Mindestwandstärke von etwa 20 mm der Form zugestanden werden muß, so sollten doch besonders bei ungleichmäßigen Gußstücken Materialanhäufungen auf der Rückseite der Formwand unter allen Umständen vermieden werden. Jedenfalls wird durch Einhalten einer möglichst geringen Wandstärke die Entstehung von Spannungen zwischen der Innenschicht und der Außenschicht innerhalb der Formwand selbst weitgehend verhindert, weil durch Verringerung des Abstandes zwischen den Schichten im Grenzfalle beide Schichten zusammenfallen.

Es hat sich bewährt, die Formen vor dem Gebrauche bew. vor der Bearbeitung auszuglühen. Bei den stählernen Formen versteht sich das von selbst, da man hier fast ausschließlich vergütetes Material verwendet, das also geglüht, gehärtet und wieder angelassen ist. Aber auch die gußeisernen Formen glüht man zweckmäßig vorher aus und erreicht dadurch, daß sich wenigstens nicht die im Gebrauche neu entstehenden Spannungen zu den noch vom Guß her in den Formen vorhandenen Spannungen addieren und gemeinsam mit diesen die Formen zu Bruch führen können.

β) Mechanische Abnutzung der Formen. Außer dieser physikalischen Beanspruchung durch die hohe Gießtemperatur ist die Form auch einer starken mechanischen Beanspruchung ausgesetzt. Diese entsteht dadurch, daß das Gußstück aus der soeben hoch erwärmten Dauerform noch rotglühend herausgezogen werden muß. Wenn die Abgüsse flach sind oder an den Seitenflächen einen ausreichenden Anzug besitzen, ist die Beanspruchung der Form beim Herausziehen der Gußstücke nur gering. Wenn aber die Seitenflächen der Gußstücke nur einen schwachen oder gar keinen Anzug besitzen, dann ist die Beanspruchung der Formwand durch Reibung eine ganz gewaltige, und die Folge ist, daß die Form, deren Werkstoff durch die hohe Temperatur des Gußstückes gerade im Augenblicke des Ausleerens hoch erwärmt und dadurch gewissermaßen erweicht und in seiner Widerstandsfähigkeit beeinträchtigt ist, leicht beim Herausziehen des Gußstückes beschädigt wird. Wenn aber erst an irgendeiner Stelle eine kleine Scharte entstanden ist, dann gießt sich beim nächsten Abguß eine entsprechende kleine Erhöhung auf, die nun dem Herausziehen dieses Gußstückes bereits einen energischeren Widerstand entgegengesetzt und dadurch wieder ein weiteres Einreißen der Fehlstelle zur Folge hat. Auf das nächste Gußstück gießt sich daher ein noch stärkerer Grat auf und so fort, bis die Abgüsse sich schließlich gar nicht mehr aus der Form ziehen lassen oder doch durch die aufgegossenen Fehler so unansehnlich geworden sind, daß sie nicht mehr verwendet werden können.

Ganz besonders sind diesen mechanischen Beanspruchungen natürlich vorspringende Ecken und Ballen oder Kerne in der Form ausgesetzt. Denn dadurch, daß diese Formteile auf mehreren Seiten vom flüssigen Eisen umspült werden, erwärmen sie sich zunächst stärker als andere Stellen der Form. Außerdem schrumpft das Gußstück beim Erkalten gerade auf diese Formteile fest auf, so daß es beim Herausziehen mit besonderem Kraftaufwand von ihnen abgestreift werden muß. Die Folge dieser erhöhten Beanspruchung sind schneller Verschleiß und häufige Beschädigung solcher vorspringender Formteile, so daß man von der Verwendung eiserner Kerne bei Dauerformen für Eisenguß fast ganz abgekommen ist und häufig sogar da Sandkerne anwenden muß, wo man bei der Sandform in Natur formen kann. Zum Beispiel bei hohen Lagerschildern für Elektromotoren wird man den Hohlraum in der Sandform niemals mit Kern, sondern stets mit natürlichem Sandballen formen. Dagegen ist bei der Dauerform der Guß des Hohlraumes über einem Eisenballen nur bis zu einer beschränkten Höhe des Schildes und nur bei gehöriger Schräge der Seitenflächen, und auch dann nur bei schnellstem Ausleeren der Form nach dem Gießen möglich. Anderenfalls muß mit einem Sandkerne statt des Eisenballens gearbeitet werden, der natürlich, da er aus Ölsand angefertigt und getrocknet werden muß, mehr kostet als die ganze Sandform und damit der Wirtschaftlichkeit und Anwendbarkeit des Dauerformverfahrens in diesem Falle ein Ziel setzt.

γ) **Änderung der chemischen Zusammensetzung.** Während die beschriebenen physikalischen und mechanischen Beanspruchungen des Formstoffes allgemein bekannt sind, wird eine Veränderung der chemischen Zusammensetzung und des Gefüges des Werkstoffes durch die korrodierende Wirkung des flüssigen Eisens häufig bestritten. Nur Carpenter und Rugan[20] haben diese Frage im Zusammenhange mit dem Wachsen und Reißen der Forminnenschicht untersucht und festgestellt, daß die Neigung zum Wachsen bei gußeisernen Formen mit steigendem Siliziumgehalt zunimmt, weil das Silizium und auch das Eisen bei wiederholtem Erhitzen auf 650—700° C eine „innere Oxydation" erfahren.

Daß auf der Innenfläche der Form im Betriebe eine Veränderung des Werkstoffes selbst vor sich gehen muß, war bei meinen auf Seite 44 beschriebenen Gießversuchen bereits mit bloßem Auge zu erkennen. Nach 5 Guß fing die Innenfläche an anzulaufen, nach 7 Guß färbte sie sich lila. Feuchtete man eine Stelle etwas an, so wurde diese sofort tiefschwarz. Nach 9 Guß färbte sich die ganze Innenfläche zunächst grau und dann schwarz. Nach 30 Guß erschienen in der Mitte die ersten feinen Risse, bei 38 Guß waren diese Risse bereits so weit aufgeklafft, daß nach jedem Gusse kleine Eisenteilchen darin zurückblieben. Die Beobachtungen zeigen also, daß schon vor dem Auftreten von Rissen von Anfang an eine Veränderung des Werkstoffes auf der Innenfläche der Form stattfindet. Die Verfärbung der Innenfläche ist natürlich zunächst als Oxydationserscheinung anzusprechen, die durch das Anfeuchten, also in praxi durch die Einwirkung der Luftfeuchtigkeit beschleunigt wird.

Das schwarze Häutchen auf der Innenfläche besteht aber nicht allein aus Oxyd, sondern eingehende Untersuchungen haben gezeigt, daß der Schwefel wesentlich daran beteiligt ist. Nach Tabelle 3 war

Tabelle 3. Chemische Veränderung des Werkstoffes bei gußeisernen Dauerformen im Betriebe.

Bez. d. Form	Stelle der Probeentnahme i. d. Wand	Cges.	Cgraph.	Cgeb.	Si	Mn	P	S
A	innen	2,88	2,20	0,68	1,40	0,52	0,31	0,321
	Mitte	2,79	2,18	0,61	1,35	0,52	0,29	0,119
	außen	3,13	2,51	0,62	1,36	0,55	0,30	0,115
B	innen	2,69	2,12	0,57	1,81	0,49	0,15	0,251
	Mitte	2,84	2,26	0,58	1,75	0,50	0,13	0,101
	außen	2,75	2,14	0,61	1,82	0,47	0,14	0,103
C	innen	2,94	2,23	0,71	1,26	0,56	0,28	0,186
	Mitte	3,07	2,27	0,80	1,28	0,53	0,28	0,098
	außen	3,26	2,48	0,78	1,25	0,54	0,29	0,098

der Schwefelgehalt bei einigen gußeisernen Formen nach Gebrauch in der Innenschicht doppelt bis dreimal so groß wie in der Außenschicht. Dabei muß man bedenken, daß bei der Probenahme durch Hobeln natürlich eine verhältnismäßig viel zu große Spanstärke abgenommen werden mußte, so daß der Schwefelgehalt des eigentlichen Oxydhäutchens in Wirklichkeit noch erheblich höher ist als der für die 1—2 mm starke Innenschicht ermittelte. Über die Herkunft des Schwefels kann kein Zweifel bestehen; er muß aus dem eingegossenen Eisen stammen. Sonderbar ist nur, daß in der Wand des Gußstückes laut Pardun[16] der Schwefelgehalt von außen nach innen zunimmt, so daß also die mit der Forminnenfläche in Berührung stehende Außenschicht des Gußstückes gerade den niedrigsten Schwefelgehalt aufweist. Die Aufnahme des Schwefels aus dem eingegossenen Eisen erfolgt also offenbar nicht unmittelbar, sondern auf dem Umwege über die gasförmige Phase. Infolge der abschreckenden Wirkung der Dauerform auf die Außenschicht des erstarrenden Gußstückes saigert der Schwefel in der am längsten flüssigen Innenschicht in erheblicher Menge aus und kommt hier noch während des Gießens an der Oberfläche mit der in der Form enthaltenen Luft in Berührung. Dabei wird ein Teil des Schwefels oxydiert, und das entstehende SO_2 sammelt sich dann oberhalb des Eisenspiegels und reagiert hier mit der noch nicht vom Eisen bedeckten Innenfläche der Form.

Vielleicht ist auch die schwefelige Säure besonders stark in der Gasschicht vertreten, die sich, wie oben erwähnt, isolierend zwischen Gußstück und Formwand legt; denn daß eine solche Gasschicht vorhanden ist und keine unmittelbare Berührung des Gußstückes mit der Formwand stattfindet, durfte aus der verhältnismäßig niedrigen Temperatur

der Forminnenfläche beim Gießen geschlossen werden. In diesem Falle
würden also die schwefelhaltigen Gase dauernd in Berührung mit der
Forminnenfläche stehen, solange das Gußstück in der Form bleibt, und
die Wärmestrahlung des Gußstückes würde während dieser ganzen Zeit
den Angriff der Gase auf die Formwand tatkräftig unterstützen. — Auf
irgendeine Weise muß jedenfalls ein Teil des Schwefels aus dem flüssigen
Eisen sich auf der Formwand niederschlagen und die Korrosion des Formmaterials einleiten. Besonders kräftig scheint die korrodierende Wirkung des Schwefels bei gußeisernen Formen zu sein, da das Gußeisen
durch die eingelagerten Graphitblättchen eine gewisse Porosität besitzt, die das Eindringen der Gase erleichtert.

Daß der Graphit des Gußeisens außerdem vielleicht in einer gewissen
Wechselbeziehung zu dem eindringenden Schwefel steht, darf man aus
den in Tabelle 3 mitgeteilten Analysen schließen. Denn hier ist der
Graphit der einzige Bestandteil, der außer dem Schwefel eine systema-
tische Veränderung über den Querschnitt der Formwand erkennen
läßt. Der Graphit nimmt von außen nach innen durchweg um 10—15%
ab; d. h. also, er verschwindet aus der Innenschicht der Formwand in
beträchtlicher Menge. Ob diese Verminderung des Graphitgehaltes in
der Innenschicht einfach durch Herausbrennen zu erklären ist, oder ob
tatsächlich der Graphit in irgendeiner Weise mit der schwefligen Säure
reagiert, konnte nicht festgestellt werden. Für die letztgenannte Annahme spricht jedenfalls die Beobachtung, die man beim Gießen in
gußeisernen Formen, besonders beim ersten Abguß in einer bereits ge-
brauchten, aber über Nacht abgekühlten Form machen kann. Infolge der
in die Form eingedrungenen Feuchtigkeit erfolgen zu Anfang häufig sehr
heftige Knallgasexplosionen, nach denen sich ein muffiger Geruch verbreitet, der an Schwefelwasserstoff, hauptsächlich aber an Kohlen-
wasserstoff erinnert.

δ) Zerstörung des Gefüges. Die metallographische Untersuchung
gibt über den Charakter des schwarzen Häutchens auf der Innenfläche
gebrauchter Dauerformen keinen Aufschluß. Denn dieses Häutchen ist
naturgemäß so hauchdünn, daß es beim Schleifen und Polieren weg-
gearbeitet, zum mindesten aber stark beschädigt wird. Aber in den etwas
weiter zurückliegenden Schichten kann man unter dem Mikroskop sehr
deutlich eine Veränderung des Werkstoffes wahrnehmen, die in der Regel
darin besteht, daß unter der Einwirkung der Wärme die Innenschicht
förmlich ausgeglüht ist. Bei gußeisernen Formen zeigt sich das in einem
mehr oder weniger weit vorgeschrittenen Zerfall des streifigen Perlits zu
körnigem Perlit und schließlich am äußersten Rande zu Ferrit. Der dabei
ausgeschiedene Kohlenstoff ist teilweise herausgebrannt, teilweise ist er
in Form von Temperkohleknötchen an die Graphitblättchen ankristalli-
siert. Die nächste Entwicklungsstufe des Verschleißes ist dann die Oxy-

dation der Randzone. Diese wird aber bei gekühlten Dauerformen selten erreicht. Erwähnt werden muß, daß die Tiefe der merkbar veränderten und zerfallenen Innenzone bei gekühlten Formen selten mehr als 0,1 bis 0,2 mm beträgt, während sie bei ungekühlten Dauerformen häufig mehrere Millimeter tief reicht. Bei Dauerformen aus Stahl ist die Tiefe der Zerfallzone meist noch geringer. Im übrigen geht der Zerfall hier in ähnlicher Weise vom martensitischen oder sorbitischen Gefüge über aufgelösten körnigen Perlit zum Ferrit und manchmal noch weiter zum Oxyd, besonders an den Rändern von Rissen.

Sehr interessanten Aufschluß gibt die Metallographie über die Rolle, die der Phosphor im Werkstoffe bei gußeisernen Dauerformen spielt. Es ist eine bekannte Tatsache, daß man bei den Hämatitkokillen für Stahlwerke und bei allen feuerbeständigen Gußstücken den Phosphorgehalt so niedrig wie möglich halten muß. Wodurch der Phosphor einen nachteiligen Einfluß auf die Feuerbeständigkeit des Gußeisens ausübt, ist aber bisher nicht nachgewiesen worden. Die meisten Forscher beschränken sich auf die Feststellung, daß der Grund in dem niedrigen Schmelzpunkte des Phosphideutektikums liegen müsse.

Meine Untersuchungen haben dagegen ergeben, daß das Kristall des Phosphideutektikums, das als Schmelzrest erstarrt ist und deshalb vom Gusse her unter erheblichen Spannungen steht, durch den häufigen Temperaturwechsel beim Gießen förmlich zerplatzt. Die dabei entstehenden Risse greifen dann oft in die benachbarten Perlitkristalle über und suchen vor allem Anschluß nach der Randschicht, bei den Dauerformen also nach der Innenfläche. Es leuchtet ein, daß diese aus dem Werkstoffe selbst herauskommenden Risse diesen viel stärker auflockern und zerstören müssen als Wärmerisse, die von außen — bei den Dauerformen also von der Innenschicht aus — in den Werkstoff vordringen. Bild 40 u. 42 zeigen geplatzte Phosphideutektika im ungeätzten, Bild 41 u. 43 dieselben Stellen in den mit Pikrinsäure bzw. Natriumpikrat (Abb. 43) geätzten Schliffen. Aus dem ziemlich großen Kristall auf Bild 42 u. 43 ist ein Stück beim Schleifen herausgebrochen, ein weiterer Beweis, daß das Kristall tatsächlich durch das Platzen vollständig nach allen Richtungen hin zertrümmert wurde; denn ein Ausbröckeln von Phosphidkristallen kann man sonst bei Gußeisenschliffen niemals beobachten. Bild 44 zeigt ein aufgeklapptes Kristall, dessen Riß den Anschluß nach

Tabelle 4. Analysen zu den Schliffbildern 40—45.

Bezeichnung der Dauerform	Nr. der zugeh. Schliffbilder	C	Gr	Si	Mn	P	S	Bewährung im Betriebe
F	40—41	3,35	2,56	0,91	0,48	0,11	0,103	mittelmäßig
G	42—43	3,46	2,94	1,14	0,49	0,17	0,074	gut
H	44—45	3,22	2,43	1,45	0,60	0,13	0,102	sehr gut

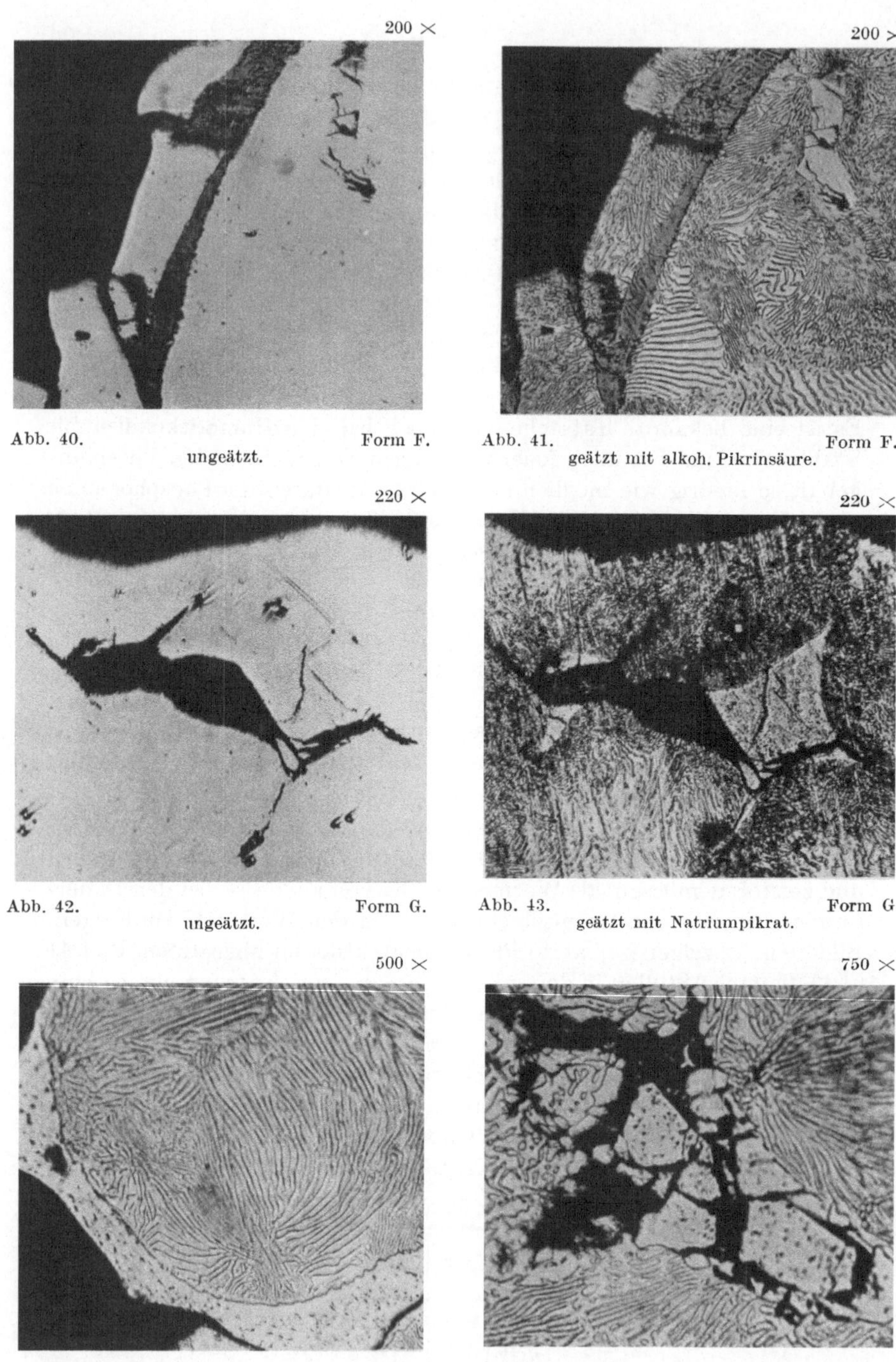

Abb. 40.   200 ×   Form F.
ungeätzt.

Abb. 41.   200 ×   Form F.
geätzt mit alkoh. Pikrinsäure.

Abb. 42.   220 ×   Form G.
ungeätzt.

Abb. 43.   220 ×   Form G.
geätzt mit Natriumpikrat.

Abb. 44.   500 ×   Form H.
geätzt mit alkoh. Salzsäure.

Abb. 45.   750 ×   Form H.
geätzt mit alkoh. Salzsäure.

außen gewonnen hat, Bild 45 zeigt noch ein besonders stark zertrümmertes Kristall bei höherer Vergrößerung. Tabelle 4 gibt die Analysen zu den in den Schliffbildern dargestellten Dauerformen an.

d) Werkstoff für Dauerformen.

α) Metallische Formen. Nachdem die Beanspruchungen ausführlich geschildert sind, die im Betriebe an den Werkstoff der Dauerformen gestellt werden, bleibt über diesen selbst nur wenig zu sagen. Am meisten gebraucht werden gußeiserne Formen wegen des niedrigen Preises dieses Werkstoffes und der Einfachheit der Herstellung. Über die zweckmäßigste Analyse für die gußeisernen Formen finden sich in der Literatur nur spärliche Angaben. Im allgemeinen findet man mit Recht die Ansicht verbreitet[21], daß es weniger auf die Zusammensetzung des Materials ankommt, als auf die Dichte und Feinkörnigkeit. Wenn man darauf bedacht ist, den Phosphorgehalt möglichst niedrig zu halten, so kann man im übrigen jede übliche Gattierung für die Herstellung von gußeisernen Dauerformen verwenden. Der Siliziumgehalt entspricht der Wandstärke, beträgt also 1,0—1,8%. Carpenter und Rugan empfehlen, mit dem Silizium unter 1% zu bleiben, da ein hoher Siliziumgehalt in Gegenwart von Graphit das Wachsen des Gußeisens fördere. Carpenter bezeichnet ein Eisen mit 3% C, 0,60—0,70% Si und 0,50% Mn als das geeignetste für Dauerformen, da dieses Material bei wiederholtem Erhitzen nicht gewachsen sei. Der von Carpenter angegebene Kohlenstoffgehalt ist aber nach eigenen Betriebserfahrungen zu niedrig; denn es hat sich gezeigt, daß bei weniger als 3,2% Kohlenstoff erhebliche Spannungen in der Form vorhanden sind, die wiederholt zum Springen von niedrig gekohlten Gußformen geführt haben. Der Kohlenstoffgehalt sollte daher eher zu hoch als zu niedrig gewählt werden.

In Amerika hat man vielfach das Mayariroheisen zur Herstellung von Dauerformen herangezogen, das von Haus aus etwa 1% Nickel und etwa 2% Chrom enthält. Ein entscheidender Vorteil ist mit solchen Dauerformen bisher nicht erzielt worden. Es ist aber zu erwarten, daß schon ein niedriger Nickelzusatz bis zu 1% sich für gußeiserne Dauerformen bewähren wird, da dieses den Werkstoff besonders feinkörnig macht. Daß man noch keine Formen aus höher legierten Materialien gegossen hat — mit etwa 20% Chrom, wie es für Glühofenteile verwendet wird — hat seinen Grund in der schlechten Vergießbarkeit solcher Stoffe. Die Innenfläche der Form wird so unsauber und unscharf, daß man lieber das dünnflüssige gewöhnliche Gußeisen beibehält, selbst wenn die kürzere Lebensdauer dieser Form zu einer häufigeren Neuanfertigung zwingt.

Der Stahl spielt besonders im Spritzguß und Schleuderguß als Werkstoff für die Formen eine wichtige Rolle. Man benutzt bei beiden Verfahren zur Zeit hauptsächlich vergütete Chromnickelstähle mit 80 bis 120 kg/mm² Festigkeit. Daneben werden auch noch verschiedene andere Legierungen herangezogen, ohne daß eine davon bisher besondere Vorzüge gegenüber dem Chromnickelstahl bewiesen hätte. L. Cammen, von dem oben berichtet wurde, daß er mit einer Formtemperatur von 700—800° C arbeitet, schreibt über Versuche mit Chromnickelformen, daß diese Formen schwer zu bearbeiten seien, sich aber im Betriebe wegen ihrer geringen Schwindung und Dehnung gut bewährten. Es ist kein Zweifel, daß die Entwicklung bei den zur Zeit gebräuchlichen, niedrig legierten Stählen nicht stehenbleiben wird. Denn die Differenz zwischen dem Schmelzpunkte des Formstoffes und dem des eingegossenen Werkstoffes ist bei diesen Stählen zu gering, als daß sie auf die Dauer dem Angriffe des einströmenden Metalles widerstehen könnten. Die Entwicklung führt deshalb zu höher schmelzenden Formstoffen, über deren voraussichtlichen Charakter hier keine Vermutungen angestellt werden sollen. Wenn es aber gelingt, einen metallischen Werkstoff für Dauerformen zu finden mit über 2000° C Schmelztemperatur, nicht zu hohem Preise und ausreichender Bearbeitbarkeit, dann wird es möglich sein, vielleicht sogar das Spritzgußverfahren als das höchst entwickelte Dauerformverfahren zur Erzeugung von Eisen- und Stahlguß heranzuziehen.

Vereinzelt werden auch das Kupfer und seine Legierungen als Werkstoffe für Dauerformen verwendet, beim Eisenguß natürlich nur mit Wasserkühlung, da der Schmelzpunkt des Kupfers niedriger ist als der des Eisens. So lange man allerdings sein Hauptaugenmerk darauf richtete, in den Dauerformen bearbeitbare Eisengußstücke ohne nachträgliches Ausglühen zu erzeugen, kam die Kupferform nicht in Betracht; denn infolge der höheren Wärmeleitfähigkeit des Kupfers, 320 gegenüber 50—60 beim Eisen, ist die Abschreckwirkung bei der Kupferform eine weit größere als bei der Eisenform. Seitdem man aber so gut wie allgemein zum Nachglühen der Gußstücke übergegangen ist, spielt die mehr oder minder starke Abschreckung durch die Form keine so große Rolle mehr, und die Anwendbarkeit der Kupferform wird wieder mehr in Erwägung gezogen werden.

Sehr interessant ist es, daß das Kupfer infolge seiner stärkeren Kühlwirkung als Material für Schreckschalen in eisernen Dauerformen Verwendung findet. Genau so, wie man in der Sandform an dickwandigen Stellen oder bei krassem Wandstärkenwechsel Schreckschalen aus Eisen anlegt, benutzt man in der eisernen Dauerform hie und da Schreckschalen aus Kupfer oder Messing[21].

β) Metallformen mit Wärmeschutzschichten. Auf der Suche nach einem unempfindlicheren Werkstoffe für Dauerformen ist man darauf gekommen, die gebräuchlichen Werkstoffe — Gußeisen und

Stahl — auf der vom flüssigen Eisen bespülten Innenfläche mit geeigneten Schutzanstrichen zu versehen und so ihre unmittelbare Berührung mit dem flüssigen Metalle zu verhindern. Zu diesem Zwecke benutzte bereits Rolle[22] eine Mischung von Kieselsäure und Schamotte-
mehl, die er wie Emaille auf die Innenfläche der Form aufstrich und darauf festbrennen ließ. Mit einem ähnlichen Anstriche arbeitet Holley,
nur wird hier die Masse so weit verdünnt, daß sie gleichsam als Farbe
mit einem Pinsel aufgetragen werden kann.

Sehr interessant ist das Verfahren von Myers[13], der die Innenfläche seiner Eisenform mit einem Metalle zu imprägnieren versucht,
dessen Verdampfungspunkt unter dem Schmelzpunkte des in der Form
zu vergießenden Metalles, also des Gußeisens, liegt. Er beizt die Form
zunächst in einem Säurebade, bestreut die Innenfläche mit Zinkpulver
und setzt die Form so in einen luftdichten Behälter. Der ganze Behälter
mit Gußstück und Zink wird dann ungefähr zwölf Stunden auf etwa
500° C erhitzt. Nach Annahme des Erfinders dringt das Zink dabei bis
zu einer bemerkenswerten Tiefe in das Eisen ein, zu dem es eine große
Affinität besitzt. Myers[8] denkt sich die Wirkung dieser Zinkschicht
im Betriebe dann so, daß bei jedem Abguß etwas Zink verdampft
und dieser Zinkdampf sich schützend zwischen Gußstück und Formwand legt. Die Lebensdauer eines Zinküberzuges soll etwa 10000 Abgüsse betragen. Das Verfahren hat sich aber in dieser Weise nicht bewährt, sondern Myers arbeitet praktisch so, daß er das aufgetragene
Zink absichtlich oxydieren läßt, also auf die Reaktion der Schutzschicht
während des Gießens verzichtet.

Die Zinkschicht von Myers hat den Nachteil, daß sie das Verrosten
der Forminnenfläche erheblich beschleunigt. Wenn eine Form zeitweilig unbenutzt bleibt — und auch bei regelmäßigem Betriebe während
der nächtlichen Betriebspausen —, bildet sich mit Hilfe der Luftfeuchtigkeit zwischen dem Zink und dem Eisen ein Element mit dem Ergebnis
der Korrosion der Forminnenschicht. Im übrigen haben die beschriebenen Schutzschichten sich alle mehr oder weniger bewährt, insofern als
sie tatsächlich die Lebensdauer der Formen verlängern. Soweit aber
solche Schutzschichten angewendet sind, um die abschreckende Wirkung
der Eisenformen auf die Gußstücke zu verhindern — und das war bei
ihrer Anwendung ursprünglich der entscheidende Grund—, haben sie
ausnahmslos zu einem glatten Mißerfolge geführt.

Aus der Sandformerei ist noch ein anderes Mittel zum Schutze für die
Dauerformen übernommen: das Schwärzen. Während man aber in der
Sandformerei die Schwärze mit Wasser anmacht, benutzt man bei der
Dauerform durchweg Öl als Lösungsmittel. Custer benutzt Graphit
mit einem dünnen Öl. Probert[23] empfiehlt Leinöl mit Speckstein oder
ebenfalls Öl und Graphit. Cammen nimmt für seine hoch erhitzte

Form Rizinusöl mit Lampenruß. Holley und Myers verwenden trockenen Lampenruß, den sie durch eine leuchtende Azethylenflamme auf der Formfläche selbst erzeugen. Auch der im Stahlwerke gebräuchliche Kokillenlack läßt sich zum Anstreichen von Dauerformen mit Erfolg verwenden.

Die Schwärzeschicht hat neben dem Schutze der Formwand gegen den Angriff des flüssigen Eisens noch eine zweite Aufgabe: sie schmiert die Formwand, hilft dadurch die Oberflächenspannung des flüssigen Metalles brechen und trägt somit zum scharfen Auslaufen der Gußstücke bei. Beim Schleudergußverfahren nach de Lavaud ist diese Wirkung der Schwärzeschicht allerdings von großem Nachteil. Denn sie bewirkt, daß das Eisen sich zu leicht in der Form ausbreitet, so daß die regelrechte Abwicklung des Metallbandes in der Drehform verhindert wird und durch das voreilende Eisen Mattschweißen entstehen. Man arbeitet daher bei dem genannten Verfahren ausschließlich mit ungeschwärzten Formen.

γ) Keramische Formen. Der nächste Schritt zur Auffindung eines feuerbeständigen Werkstoffes für Dauerformen führt notwendigerweise zu den nichtmetallischen, rein keramischen Formen; d. h. geschichtlich war die Entwicklung gewöhnlich umgekehrt. Fast jeder Gießer suchte zunächst Dauerformen aus feuerfestem Material zu machen und ging dann, wenn diese nicht hielten, erst zögernd zu eisernen Formen über. Im einzelnen ist versucht worden, die Formen aus Schamotte zu brennen, oder aus Lavasteinen herauszuarbeiten, wobei die Innenfläche der Form mit Glimmerstaub eingerieben wurde. Andere haben die Formen aus fein gemahlenem Carborundum oder Elektrodenkohle oder aus hochschmelzenden Metalloxyden, die mit Hilfe von Essigsäure bildsam gemacht waren, geformt und gebrannt. Solche Formen erhalten meistens schon beim Brennen Risse oder sie verziehen sich, so daß die Abgüsse von vornherein ungenau werden.

Im Betriebe zeigt sich, daß die keramischen Formstoffe nicht die nötige mechanische Festigkeit haben, um beim Herausziehen der Gußstücke zu halten. Infolge der Porosität der Formoberfläche haftet das Gußstück in der keramischen Form bedeutend fester als in der metallischen, und die Folge ist, daß nach jedem Gusse kleine Ecken und Kanten aus der Form ausbrechen. Die angeflickten Ecken halten aber naturgemäß erst recht nicht auf dem alten Material. Außerdem wird den keramischen Formen gerade die Feuerbeständigkeit des Werkstoffes im Betriebe zum Verhängnis. Denn das schlechte Wärmeleitvermögen des Formstoffes, auf dem seine Feuerbeständigkeit beruht, verhindert beim Gießen den Wärmeausgleich zwischen der Innenschicht und der Außenschicht der Form. Die Folge sind innere Spannungen in der Form, die meistens schnell zu deren Zerstörung führen.

III. Metallurgische Fragen.

1. Zusammensetzung des Eisens.

Über die zweckmäßigste Zusammensetzung des Eisens für den Dauerformguß hat man vielerlei Überlegungen angestellt und dennoch bisher keine andere Formel gefunden als diese: Silizium möglichst hoch, damit die Abschreckwirkung der metallischen Dauerform weitgehend vermindert wird, und Phosphor ebenfalls etwas höher als gewöhnlich, damit das Eisen dünnflüssig und leicht vergießbar wird. Dem Phosphorgehalt ist dabei die obere Grenze mit etwa 1,2% gesetzt; denn bei höherem Phosphorgehalt wirkt dieser härtend auf den Guß, also dem Silizium entgegengesetzt. Außerdem neigt das Eisen bei höherem Phosphorgehalt dazu, während des Erstarrens das lange flüssig bleibende Eisenphosphideutektikum teilweise auszuscheiden, so daß an der Innenseite der Gußstücke später häßliche Warzen und Perlen zu sehen sind, die so hart sind, daß sie kaum abgeschliffen werden können. Mit dem Silizium kann man andererseits auch nur bis 2,5% oder höchstens 3% gehen, da das Silizium in größerer Menge ebenfalls härtend wirkt, vor allem aber schon bei etwa 2,5% das flüssige Eisen schmierig macht, also die Dünnflüssigkeit und Gießbarkeit beeinträchtigt und damit dem Phosphor entgegenwirkt.

Der Schwefel wird wegen seines härtenden Einflusses im allgemeinen möglichst niedrig gehalten, doch sind hier durch die Art des angewendeten Schmelzverfahrens natürliche Grenzen gezogen. Besondere Beachtung wird dem Schwefelgehalt deshalb durchweg nicht geschenkt, nachträgliche Entschwefelung ist in der Dauerformgießerei nicht üblich, da sie nur mit einem Temperaturverlust des flüssigen Eisens, also mit einer Gefährdung der Gießbarkeit erkauft werden kann. Mangan wird ebenfalls wegen seiner härtenden Wirkung möglichst niedrig gehalten — auf etwa 0,5% —, doch verwenden einzelne Dauerformgießer auch einen höheren Mangangehalt, um durch den Manganüberschuß den schädlicheren Schwefel als Mangansulfid zu binden. Das

Tabelle 5. Eisenanalysen für Dauerformguß.

	Quelle	C	Si	Mn	P	S
Gießer:						
Custer	8	hoch	2—2,25	hoch		niedrig
Custer	9	3,09	2,28	0,41	1,21	0,108
Custer	9	3,56	2,24	0,38	1,12	0,101
Holley	6	3,50	2,55	0,65	0,285	0,085
Myers	13	3,20	2,25—2,30	0,50—0,60	1,18	0,04—0,05
Schleudergießer:						
Pardun	16		1,50—3,00		0,80	
Cole Estep . . .	24	—3,90	1,80—2,50	0,40—1,20	1,20	

ist um so mehr möglich, da ein hoher Mangansatz die Dünnflüssigkeit des
Eisens günstig beeinflußt.

Tabelle 5 gibt einen Überblick über die in der Literatur als gebräuch-
lich bezeichneten Eisenzusammensetzungen für Dauerformguß.

2. Gießtemperatur.

Über die richtige Gießtemperatur für Dauerformguß finden sich in
der Literatur nur wenig positive Angaben. Pardun nennt die Gießtemperatur für Schleuderguß mit 1190—1240° C, Myers für anderen
Dauerformguß mit 1150—1200° C. Andere empfehlen, die Gießtemperatur möglichst hoch zu wählen; dabei ist es üblich und richtig, mit Rücksicht auf die Lebensdauer der Formen nicht zu warm zu gießen. Die
Hauptsache ist, daß das Eisen gut dünnflüssig ist, und zu diesem Zwecke
braucht es durchaus nicht besonders heiß zu sein. Wenn man allerdings
mit sehr hohem Siliziumsatze arbeitet, braucht man eine hohe Gießtemperatur, da das Silizium, wie erwähnt, den Flüssigkeitsgrad des Eisens
herabsetzt. Arbeitet man mit weniger Silizium, dann kommt man mit
einer bedeutend niedrigeren Gießtemperatur aus. Die Gießtemperatur
steht also in einer Wechselbeziehung zu der Zusammensetzung des Eisens.
Und nicht nur zu dieser — denn sonst würde man auch eine entsprechende
Formel für die Gießtemperatur suchen und finden —, sondern der Flüssigkeitsgrad des Eisens, sein „Geist", hängt auch in hohem Maße ab von der
Beschaffenheit des Brennstoffes, von der Ofenführung und von der
Witterung, wie die Praxis lehrt. Je dünnflüssiger aber das Eisen je nach
den Umständen ausfällt, desto niedriger kann die Gießtemperatur sein.
Es sind dies dieselben Beobachtungen und Erfahrungen, die schon längst
in jeder Eisengießerei gemacht worden sind, nur daß im Dauerformguß
Flüssigkeitsgrad und Gießtemperatur des Eisens eine viel größere Rolle
spielen als beim gewöhnlichen Sandformguß, weil das Auslaufen der
Gußstücke hier soviel schwieriger und die Empfindlichkeit der Formen
gegen hohe Temperaturen soviel größer ist als dort.

3. Schmelzbetrieb.

Da auf die Gießbarkeit des Eisens nicht nur die Gattierung einen
vorher zu berechnenden, sondern auch die Schmelzweise einen mehr
oder weniger unberechenbaren Einfluß hat, leuchtet es ein, daß in der
Dauerformgießerei an die Beweglichkeit des Schmelzbetriebes wesentlich höhere Anforderungen gestellt werden als in irgendeiner anderen
Graugießerei. Der Hauptunterschied gegenüber anderen Gießbetrieben
besteht darin, daß in der Dauerformgießerei nicht zunächst geformt
und am Ende der Schicht in 2—3 Stunden alles abgegossen wird,
sondern daß während der ganzen Schicht von früh bis spät ununter-
brochen gegossen wird. Während der ganzen Schicht muß ständig Eisen

von gleicher Temperatur und gleicher Zusammensetzung in gleichen Mengen vorhanden sein, wenn nicht der ganze Betrieb gefährdet werden soll. Denn das wurde bereits zu Anfang als die allerwichtigste Voraussetzung für einen erfolgreichen Dauerformbetrieb gekennzeichnet, daß keine künstlichen Betriebspausen eintreten dürfen. Nur durch absolut gleichmäßiges Gießtempo läßt sich die Temperatur der Formen in der notwendigen Weise regeln. Der Schmelzbetrieb muß sich also in der Dauerformgießerei gänzlich auf den Bedarf der Gießerei einstellen und seine Schlackenpausen und Abstichzeiten so einrichten, daß niemals ein Mangel an Eisen eintritt.

Am besten hat diesen Anforderungen der Kupolofen genügt, der als einziger Schmelzofen den kontinuierlichen Betrieb gestattet. Dagegen haben die Herdöfen, wo immer sie angewendet sind, zu einem Mißerfolge geführt. Die Arbeitsweise dieser Öfen verlangt es, das Eisen chargenweise einzuschmelzen und dann sofort zu vergießen. An sich wäre es wohl möglich, durch Aufstellung mehrerer Herdöfen zu einem ununterbrochenen Betriebe zu gelangen, indem man jedesmal einen Ofen entleert, während man in einem oder mehreren anderen Öfen eine neue Charge einschmilzt. Die Chargen müssen aber gewöhnlich während der Gießperiode noch künstlich warm gehalten werden und erleiden dabei mehr oder weniger starke Veränderungen. Silizium und Kohlenstoff brennen merklich ab, so daß das Eisen zum Schluß erheblich abfällt und kaum noch zu vergießen ist, zumal da die Temperatur des Chargenrestes, die dem niedrigeren Kohlenstoffgehalte entsprechend höher sein müßte, gewöhnlich niedriger ist als zu Anfang. Derartige Erfahrungen wurden mit dem Elektroofen in der Gießerei der Harrison Radiator Co., Lockport, N.Y., und mit dem tiegellosen Ölofen vom Verfasser in einer Berliner Gießerei gemacht.

Hinzugesetzt werden muß noch, daß der Betrieb mit Dauerformen sich um so schwieriger gestaltet, je kleiner der Eisenbedarf pro Stunde und je kleiner daher das verwendete Schmelzaggregat ist. Das wird häufig verkannt, und es ist ein bedenklicher Irrtum, wenn viele Leute meinen, sie brauchen sich nur eine Gießmaschine zu kaufen, wie etwa eine Formmaschine oder eine Drehbank, um Dauerformguß herstellen zu können. Hier liegt ein wesentlicher Unterschied zwischen dem Eisendauerformguß und den Metallspritzgußverfahren. Während bei diesen jede Gießmaschine allerdings ein selbständiges Aggregat bildet, ist man bei der hohen Schmelztemperatur des Eisens zunächst noch auf eine gemeinsame Schmelzanlage angewiesen, die ihrerseits an bestimmte Betriebsbedingungen, vor allem an eine flotte Eisenabnahme gebunden ist. So stellt der Dauerformbetrieb durch die geschilderte gegenseitige Abhängigkeit von Gießerei und Schmelzerei hohe Anforderungen an den Grad der Organisation.

IV. Werkstoff-Fragen.
1. Dauerformguß ohne Nachbehandlung.
a) Technologische Kennzeichnung.

In der Dauerform, insbesondere in der eisernen, deren Wärmeleitvermögen ungefähr 56mal so groß ist wie das der Sandform, erfährt das eingegossene Metall eine beschleunigte Abkühlung, so daß das in der Dauerform erzeugte Gußstück ganz bestimmte, von normal abgekühlten Sandgußstücken abweichende Merkmale trägt. Beim Eisenguß ist dies insbesondere die Härte der Außenschicht. Das flüssige Eisen wird in unmittelbarer Berührung mit der metallischen Formwand abgeschreckt und neigt dazu, in einer Tiefe von einigen Zehnteln bis zu mehreren Millimetern weiß zu erstarren. Diese weiße Randschicht ist aber nicht zu bearbeiten und macht die Gußstücke daher unverwendbar. Es ist nun unter Beobachtung ganz bestimmter Betriebsbedingungen durchaus möglich, diese Abschreckung zu verhüten und ohne nachträgliches Glühen bearbeitbare Gußstücke in eisernen Dauerformen zu erzeugen. Was Wunder also, daß das Bestreben der Dauerformgießer bis auf den heutigen Tag darauf gerichtet war, ihre Verfahren so auszubauen, daß die Voraussetzungen für die Erzeugung weicher Gußstücke ohne Nachbehandlung ständig erfüllt waren!

Diese Voraussetzungen sind:

1. Richtige Gattierung mit 2—2,5% Si und nicht zuviel P, Mn, S.
2. Richtige Formtemperatur von etwa 200° C.
3. Rechtzeitiges Ausleeren der Gußstücke sofort nach dem Erstarren.

Dazu kommt noch als besonderes Hilfsmittel:

4. Auskleiden der eisernen Formen mit besonderen Schutzschichten.

Die Bedeutung der einzelnen Bedingungen wird naturgemäß von den einzelnen Praktikern verschieden bewertet. Diejenigen, die ihre Form mit einer besonderen Schutzschicht auskleiden — wie Rolle, Holley, Myers —, rühmen vor allem die Wirkung ihrer Schutzschichten. Schwartz legt das Hauptgewicht auf die Formtemperatur und benutzt aus diesem Grunde die beschriebene komplizierte Reguliervorrichtung. Über die Notwendigkeit der richtigen Gattierung sind sich alle einig: wenn auch schon Rolle erkannt hat, daß die Grenzen für die chemische Zusammensetzung des Eisens durchaus nicht allzu eng gezogen sind, sondern daß man auch „mit den üblichen Eisenmischungen in der Dauerform einen vollkommen weichen Guß bekommen kann". Die Bedeutung des rechtzeitigen Ausleerens der Gußstücke aus der Form hat wohl Custer als erster richtig erkannt, oder jedenfalls als erster klar zum Ausdruck gebracht. Er sagt in einem Vortrage[3]:

„Es stellte sich heraus, daß die Rohre, welche bis zur dunklen Rotglut in der Form verblieben, sehr hart waren und oftmals nicht bearbeitet werden konnten.

Wurden sie dagegen bei heller Rotglut aus der Form genommen, damit sie normalerweise abkühlen konnten, so hatte der Bruch ein gutes Aussehen."

Bei anderer Gelegenheit sagt Custer[9]:

„Die härtende Wirkung gußeiserner Formen spielt keine Rolle, wenn gewisse Vorsichtsmaßregeln befolgt werden. Erst nach der Erstarrung setzt Härtung als Folge der abschreckenden Wirkung der Kokille ein."

Diese Beobachtung von Custer ist richtig und wird auch in der Folge von allen Dauerformgießern bestätigt.

Das rechtzeitige Ausleeren übertrifft nach eigener Erfahrung an Bedeutung sogar alle anderen aufgezählten Maßnahmen, wie richtige Gattierung, Formtemperatur, Anwendung von Schutzschichten usw. Aber gerade die Beobachtung dieser Voraussetzung macht im Betriebe auch ganz besondere Schwierigkeiten. Denn bei Stücken mit wechselnder Wandstärke muß natürlich mit dem Ausleeren gewartet werden, bis die dickwandigen Stellen erstarrt sind; dann sind aber die dünnwandigen Teile bereits zu lange in der Form und der Gefahr der Unterkühlung und Härtung ausgesetzt. Bei sehr dünnwandigen, leichten Gußstücken ist es meistens technisch gar nicht möglich, schnell genug auszuleeren, da die Abgüsse augenblicklich nach dem Guß erstarren.

Aber selbst wenn die Ausleervorrichtung einwandfrei funktioniert und die Gußstücke wirklich regelmäßig und rechtzeitig aus der Form fallen, so daß sie glatt bearbeitet werden können, dann geschieht es doch bei jedem hundertsten oder auch nur bei jedem tausendsten Abguß, daß das Gußstück durch irgendeine Störung einen Augenblick zu lange in der Form bleibt. Sofort besteht die Gefahr, daß die Außenschicht unterkühlt und — sei es auch nur an irgendeiner kleinen Stelle — hart geworden ist. Dem Gußstücke kann man die Härte äußerlich nicht ansehen. Zuverlässige und einfache Prüfungsverfahren gibt es nicht; denn durch Befeilen und Abdrücken nach Brinell findet man noch längst nicht eine zufällig hart gewordene Stelle. Außerdem sind solche eingehenden Prüfungen wirtschaftlich gar nicht ausführbar, da es sich beim Dauerformguß regelmäßig um Massenartikel handelt, die gerade billig hergestellt werden sollen.

Das durch Zufall hart gewordene Stück gelangt also mit zur Lieferung, und bei der Bearbeitung, die mit hoher Schnittgeschwindigkeit auch wieder auf Massenartikel eingestellt ist, springt dann eben bei diesem hundertsten oder tausendsten Stücke an der harten Stelle ein Fräser oder Bohrer entzwei. Der großen Schnittgeschwindigkeit zuliebe wird bei den in Frage kommenden Artikeln gewöhnlich mit teuren Hochleistungsstählen gearbeitet. Der Schaden ist also beim Bruch eines Werkzeuges schon an sich hoch. Noch schlimmer aber ist der Schaden, der durch die Betriebspausen entsteht. Die fraglichen Bearbeitungswerkstätten arbeiten gewöhnlich mit angelernten Leuten;

bei Störungen muß daher erst der Einrichter gerufen werden, um das neue Werkzeug einzuspannen und die Maschine neu einzurichten. Unterdessen kommt bei fließender Fertigung die ganze Arbeitsgruppe durch den Ausfall der einen Maschine ins Stocken. Es müssen Entschädigungen für Wartezeiten gezahlt werden usw. Es ist deshalb zu verstehen, daß sich die Abnehmer schon nach 2—3 derartigen Zwischenfällen weigern, den Guß weiter zu bearbeiten und abzunehmen. Sie sind tatsächlich auf die Gleichmäßigkeit des Materials angewiesen. Und wenn auch, prozentual gerechnet, ein harter Abguß auf tausend nicht viel ist, so ist dieses eine harte Gußstück für die Bearbeitungswerkstatt dennoch bereits unerträglich. Die Verwendung von Dauerformguß ohne Nachbehandlung ist daher im wesentlichen aufgegeben, und zwar nicht, weil es schlechthin unmöglich wäre, weiche Gußstücke in Dauerformen zu erzeugen, sondern weil es nicht mit hundertprozentiger Sicherheit möglich ist.

Außer der gelegentlichen Härte der Außenschicht zeigt der Dauerformguß noch gewisse äußerliche Merkmale, die ihn als solchen gegenüber dem gewöhnlichen Sandformguß erkennen lassen. Das ist zunächst die unregelmäßige und meistens unansehnliche Gußhaut (vgl. Abb. 4), die dadurch entsteht, daß das flüssige Metall in der Dauerform nicht so gut ruht wie in der porösen Sandform. Scharfe Ecken und Kanten sind beim Dauerformguß meistens schlecht ausgelaufen, so daß schon eingangs empfohlen wurde, diese von vornherein abzurunden. Viele Dauerformgußstücke zeigen Schaumstellen, die von zu niedriger Gießtemperatur oder unrichtigem Einguß herrühren, und, wie oben beschrieben, dadurch entstehen, daß auf dem in der Form hochsteigenden Metalle teils durch die natürliche Oberflächenspannung, teils durch Oxydation sich ein zähes Häutchen bildet, das von Zeit zu Zeit von dem nachdrängenden flüssigen Metall zerissen und gegen die Formwand gedrückt wird. An den Eisengußstücken treten diese Stellen dann als häßliche Runzeln und Falten in Erscheinung, die oft noch mit Garschaumgraphit durchsetzt sind. Ebenso kennzeichnend für den Dauerformguß ist das Vorkommen von Mattschweißen, die in ähnlicher Weise wie die Schaumstellen entstehen. Schaumstellen sowohl wie Mattschweißen sind glücklicherweise beim Dauerformguß meistens nicht tief, so daß sie die Brauchbarkeit der Gußstücke nicht vermindern, sondern nur deren Aussehen beeinträchtigen.

Dennoch zwingen aber diese Fehler dazu, die Bearbeitungszugabe beim Dauerformguß etwas größer zu wählen als beim Sandformguß, damit die Fehler der Gußhaut bei der Bearbeitung restlos beseitigt werden. Es trifft also nicht zu, wenn es hie und da heißt [21], daß die Bearbeitungszugabe beim Dauerformguß kleiner als gewöhnlich genommen werden könnte. Allerdings schadet die größere Bearbeitungszugabe nichts, sondern sie wird, wie noch gezeigt werden wird, durch eine höhere Schnittgeschwindigkeit bei der Bearbeitung des nachbehandelten Dauerformgusses reichlich ausgeglichen. Die geschilderten Erscheinungen, die wie erwähnt, ihren Ursprung in der starken Kühlwirkung der Dauerform haben, müssen naturgemäß um so stärker hervortreten, je höher der Schmelzpunkt des zu vergießenden Metalles ist und je größer daher das Temperaturgefälle zwischen Metallbad und Formwand ist. Wenn man auch durch entsprechende Erwärmung der Form dieses Temperaturgefälle etwas mildern kann, so beträgt doch z. B. beim Eisen die Differenz zwischen Gießtemperatur (1200° C) und Formtemperatur (etwa 200° C) noch 1000° C, so daß also das Material insbesondere bei dünnwandigen, sperrigen Gußstücken in der Dauerform geradezu im Flusse erstarren muß.

Durch die geschilderten Umstände erleidet also das Dauerformgußstück an seinem äußeren Aussehen eine gewisse Einbuße und kann jedenfalls — was den Eisenguß anbetrifft — keinen Anspruch darauf erheben, als Präzisionsguß zu gelten, was manche Gußverbraucher fälschlich glauben, indem sie den Dauerformguß als eine Art Spritzguß betrachten. Der Vorteil liegt beim Dauerformguß vielmehr in der Beschaffenheit des Werkstoffes selbst. Denn während man beim sandgeformten Gusse kaum eine Gewähr übernehmen kann, daß irgendein Gußstück unbedingt frei von inneren Fehlern wie Gasblasen und Lunkern ist, sind derartige Fehler beim Dauerformguß so gut wie ausgeschlossen. Durch die schnelle Abkühlung hat das im flüssigen Eisen gelöste Gas keine Zeit, innerhalb der Gußstücke auszuscheiden und Blasen zu bilden, und die Entstehung von Lunkern, die schon beim Sandformguß durch Anlegen von eisernen Schreckschalen bekämpft wird, ist natürlich in der Dauerform nicht möglich, da hier die ganze Form gewissermaßen als Schreckschale wirkt. Darüber hinaus bewirkt die beschleunigte Abkühlung, daß ein Material von außerordentlicher Feinkörnigkeit und Gleichmäßigkeit entsteht, so daß sich das Bruchaussehen des Dauerformgusses bereits vor dem bloßen Auge vorteilhaft von dem des Sandformgusses unterscheidet. Der Bruch erscheint bei niedrigem Siliziumgehalt hellgrau wie Stahl und bei hohem Siliziumgehalt von etwa 3% fast schwarz mit einem sammetartigen Schimmer.

b) Mechanische Eigenschaften des Werkstoffes.

Es wurde erwähnt, daß man durch Anwendung verschiedener Kunstgriffe die Abschreckwirkung der metallischen Dauerform auf das Eisengußstück so weit vermindern kann, daß — wenn auch nicht mit absoluter Sicherheit — die Entstehung einer unbearbeitbaren weißen Außenschicht vermieden wird. Aber selbst wenn diese Außenschicht für das Auge grau erscheint und sich einwandfrei bearbeiten läßt, bleibt doch stets eine gewisse Abschreckwirkung darin zurück, die sich in einer erhöhten Sprödigkeit des Werkstoffes zeigt. Pardun hat eingehende

Tabelle 6.

Vergleich der Festigkeiten von Sandguß, ungeglühtem und geglühtem Schleuderguß (nach Pardun[16]).

Nr.	Biegefestigkeit kg/mm²			Durchbiegung mm			Zugfestigkeit kg/mm²			Schlagfestigkeit mkg/cm²			Bruchfläche des ungeglühten Rohres
	a	b	c	a	b	c	a	b	c	a	b	c	
B 7	26,7	29,6	41,1	14,1	11,6	18,1	14,8	15,9	12,9	0,48	0,39	0,61	praktisch keine Abschreckung
B 9	26,1	37,8	42,6	17,0	20,8	19,9	13,9	16,0	16,7	0,49	0,43	0,86	„　　　　„　　　　„
C 1	22,1	23,7	—	14,5	10,9	17,2	12,3	13,9	19,9	0,46	0,40	0,53	„　1—2 mm　„
C 5	19,2	23,3	30,2	9,4	9,1	12,7	14,0	14,1	19,8	0,48	0,56	0,51	praktisch keine Abschreckung
C 9	25,3	35,3	40,6	15,7	14,7	20,3	—	17,7	18,0	0,69	0,55	0,89	„　　　　„　　　　„
D 3	32,0	23,9	34,1	14,0	7,8	12,6	17,4	12,7	23,9	0,49	0,47	0,65	„　1—2 mm　„
D 5	—	26,6	—	—	9,6	—	—	15,8	16,5	—	0,37	0,57	praktisch keine Abschreckung
D 7	29,4	25,7	34,9	14,8	8,6	12,8	17,8	16,6	20,3	0,54	0,52	0,55	„　　　　„　　　　„

a = Sandguß　　　b = ungeglühter　　　c = geglühter Schleuderguß

Untersuchungen über die mechanischen Eigenschaften von Schleudergußrohren angestellt. Da er selbst, wie er ausdrücklich bemerkt, bei seinen Versuchen keinen Einfluß des Fliehkraftdruckes auf die Eigenschaften des Werkstoffes gefunden hat, und da bei eigenen Prüfungen von gewöhnlichen Dauerformgußstücken ganz ähnliche Festigkeiten ermittelt wurden, darf den von Pardun angegebenen Werten allgemeine Gültigkeit für den Dauerformguß zuerkannt werden. Tabelle 6, die der Arbeit von Pardun[16] entnommen ist, zeigt, daß beim Dauerformguß die Schlagfestigkeit 10—20% und die Durchbiegung etwa 10% niedriger ist als beim Sandguß. Dabei ist der Sandguß aus derselben Gattierung mitgegossen, die infolge ihres hohen Silizium- und Phosphorgehaltes für Sandformen ungeeignet ist und infolgedessen verhältnismäßig ungünstige Vergleichswerte ergibt. In Wirklichkeit fallen daher Schlagfestigkeit und Durchbiegung beim Dauerformguß ohne Nachbehandlung noch stärker gegen gewöhnlichen Sandformguß ab.

Beide Kriterien ergeben zusammen einen ungefähren Maßstab für die Sprödigkeit des Werkstoffes. Diese Sprödigkeit ist wohl die hervorstechendste Eigenschaft des Dauerformgusses. Sie war neben der geschilderten unsicheren Bearbeitbarkeit in erster Linie schuld daran, daß alle früheren Versuche, in Dauerformen Grauguß zu erzeugen, gescheitert sind. Denn die Gußstücke waren infolge ihrer Sprödigkeit so empfindlich

gegen Transportbeschädigungen, daß die eingehenden Beanstandungen
stets bald zur Aufgabe des Verfahrens oder zur Nachbehandlung des Gusses
zwangen. Dabei war infolge der Dichte und Feinkörnigkeit des Werkstoffes eine deutliche Steigerung der Biege- und Zugfestigkeit gegenüber
dem Sandformguß zu erkennen, wie ebenfalls aus Tabelle 6 hervorgeht.
Diese Verbesserung der absoluten Festigkeiten vermag aber natürlich
keinen Ausgleich für die Sprödigkeit zu schaffen, denn die erste Bedin-
gung für die Verwendbarkeit eines Gußstückes ist naturgemäß, daß es
überhaupt heil und unbeschädigt ist.

Ihren tieferen Grund hat die Sprödigkeit des Dauerformgusses einmal in dem verhältnismäßig hohen Phosphorgehalt des Eisens, der der
leichteren Vergießbarkeit halber oft genommen werden muß. Sodann aber
sind an der Sprödigkeit vor allen Dingen die inneren Spannungen schuld,
die infolge der Unterkühlung der Außenschicht in den Dauerformgußstücken auftreten. Für die Entstehung dieser Spannungen hat bereits
Schüz[18] 1922 in seiner Arbeit über die Herstellung von Hartgußwalzen eine Erklärung gesucht. Er sagt darin ungefähr, daß in der weißen
Außenschicht die Abkühlung am schnellsten vor sich geht. Infolgedessen ist hier trotz des größeren Schwindmaßes des Weißeisens gegenüber dem Graueisen der größte Teil der Gesamtschwindung bereits erfolgt, solange die innere Zone noch flüssig ist und somit der Schwindung
keinen Widerstand entgegensetzt. Wenn die innere Schicht dann
später erstarrt und schwindet, sucht sie die äußere Schicht zusammen-
zuziehen, erzeugt also in der Außenzone Druckspannungen, während in
der Innenschicht selbst Zugspannungen entstehen, weil die Außenzone
das freie Schwinden der Innenzone verhindert. Das Ergebnis ist daher
nach Schüz, daß bei den Hartgußwalzen nach beendigter Abkühlung
folgender Spannungszustand herrscht:

„Am Rande eine Druckzone mit nach innen abnehmendem Druck bis zum
Werte 0. Weiter nach innen steigende Zugspannung bis zum Werte der Zerreißfestigkeit am Rande des Lunkers bzw. der Walzenmitte."

Beim Dauerformguß liegen die Verhältnisse grundsätzlich ebenso;
allerdings lassen sich die Spannungen hier infolge der Vielgestaltigkeit
der Gußstücke meistens nicht so leicht erkennen und erklären wie beim
Walzenguß. Zu den radialen Spannungen treten hier Längsspannungen,
bei wechselnder Wandstärke verändert sich die Einschrecktiefe, also
das Stärkenverhältnis zwischen der weißen und der grauen Schicht und
damit der Spannungsunterschied zwischen den beiden Schichten. Am
einfachsten liegen die Dinge noch beim Schleuderguß; denn bei den nach
diesem Verfahren hergestellten Hohlkörpern verläuft die Erstarrung
und Abkühlung, ebenso wie beim Walzenguß, nur in einer Richtung von
außen nach innen. Die Innenschicht ist solange flüssig, bis die Außenschicht ihre Schwindung im wesentlichen beendet hat. Nach dem Er-

kalten der Innenschicht ist daher das Endergebnis auch beim Schleuderguß: Druckspannung in der Außenzone und Zugspannung in der Innenzone. Daß dieser Spannungszustand tatsächlich herrscht, kann man in der Praxis täglich beobachten. Bei sehr glatten neuen Formen entsteht manchmal auf den Gußstücken eine auffallend schöne, glatte Außenschicht mit ganz geringer Einschrecktiefe. Diese Schicht hat ihrem Aussehen und Wesen nach geradezu einen emailartigen Charakter. Wird sie durch einen Hammerschlag verletzt und die herrschende Druckspannung dadurch aufgehoben, so reißt sie von der Schlagmitte aus nach allen Seiten spinnennetzartig auf.

Die normale Tiefe der weißen Außenschicht beträgt 1—2 mm. Wächst sie an einzelnen Stellen über dieses Maß hinaus, so verzieht sich das Gußstück leicht durch die ungleichmäßige Verteilung der Spannungen, und die Folge ist, daß der Rand besonders bei scharfen Kanten und bei angegossenem Grat in der Formteilungsebene aufbricht. Eine ähnliche Erscheinung tritt bei sehr kalter Form und bei verhältnismäßig hohem Schwefelgehalt des Eisens, also mit anderen Worten bei Betriebsbeginn, zutage. Dann entsteht bei den ersten Abgüssen eine besonders tiefe Einschreckzone von oft mehr als 50% der gesamten Wandstärke des Gußstückes. Der Abguß platzt dann häufig schon in der Form unter lautem Knall und preßt sich so fest an die Formwand, daß er nur mit größter Mühe aus der Form entfernt werden kann.

Es ist wiederholt versucht worden, den Spannungen dadurch nachzuspüren, daß man die Innenschicht bzw. die Außenschicht durch Hobeln oder Drehen wegarbeitete, so daß die übrigbleibende Außen- bzw. Innenschicht ihrer Druck- oder Zugspannung entsprechend sich frei ausdehnen oder zusammenziehen konnte. Eigene Versuche, die in dieser Richtung gemacht wurden, scheiterten beim ungeglühten Guß an der Unbearbeitbarkeit der Außenschicht. Beim geglühten Guß ergaben sich völlig widersprechende Werte, so daß die Versuche aufgegeben wurden. Die Streuung der gefundenen Werte erklärt sich wohl daraus, daß der Werkstoff beim Drehen und Hobeln, selbst bei kleinstem Vorschube und größter Schnittgeschwindigkeit, durch Zerren und Quetschen der einzelnen Kristalle unter dem Werkzeuge so weitgehend verändert wird, daß die in ihrer Meßbarkeit doch immerhin sehr empfindlichen Spannungen dadurch verwischt und überdeckt werden.

Komplizierter als beim Schleuderguß werden die Abkühlungsverhältnisse, wie erwähnt, beim gewöhnlichen Dauerformguß. Da hier die Gußwand bei Hohlkörpern außen von der Eisenform und innen vom Sandkern begrenzt wird, beginnt auch innen an dem kalten Sandkern gleichzeitig die Erstarrung und Abkühlung, allerdings in schwächerem Maße als von außen. Auch erwärmt sich der Kern schnell und verzögert danach die weitere Abkühlung der Innenschicht, so daß hier noch im wesentlichen der sich ergebende Spannungszustand ähnlich bleibt wie beim Schleuderguß. Wenn aber bei flachen Gußstücken beide Seiten der Gußwand von der eisernen Dauerform begrenzt werden, dann beginnt die beschleunigte Abkühlung gleichzeitig von innen und außen, und es entstehen Spannungen von ganz erheblicher Stärke und unberechenbarer Art und Richtung. Leert man solche Gußstücke nicht augenblicklich nach dem Erstarren aus, so führen die Spannungen unvermeidlich zum Reißen oder zum Verziehen der Abgüsse.

c) Gefügebeschaffenheit des Werkstoffes.

Das Gefüge des Dauerformgusses zeigt, wie nach der vorstehenden Beschreibung der technologischen und mechanischen Eigenschaften des Werkstoffes nicht anders zu erwarten ist, meistens zwei deutlich voneinander zu unterscheidende Schichten. Die Randzone ist durch die unmittelbare Berührung mit der Dauerform abgeschreckt und weiß erstarrt. Die Tiefe dieser weißen Randschicht schwankt erheblich. Sie wird, wie erwähnt, von so vielen Betriebsbedingungen beeinflußt, daß sie mit unbedingter Sicherheit nicht reguliert werden kann. Gewöhnlich beträgt die Tiefe der Abschreckschicht bis zu 2 mm, um dann über eine melierte Übergangszone in die graue Innenschicht überzugehen. Bei hohem Phosphorgehalt und kalter Form oder überhaupt bei sehr schroffer Abschreckung kommt es vor, daß die Übergangszone ganz fortfällt und die weiße Randschicht scharf gegen den grauen Kern absetzt. Solche Gußstücke sollte man gar nicht erst einer Nachbehandlung unterziehen, da sie infolge des schroffen Absatzes zwischen den beiden Schichten äußerst spröde sind und bleiben, selbst wenn die Außenschicht nach dem Glühen bearbeitbar wird.

Derartige fehlerhafte Gußstücke lassen sich leicht mit bloßem Auge am Bruch erkennen. Überhaupt gestattet das Bruchaussehen bereits bei einiger Übung eine ziemlich einwandfreie Beurteilung des Materials. Bei der weißen Randschicht kann man mit bloßem Auge sogar den Aufbau des Gefüges erkennen. Während bei hohem Kohlenstoff- und Siliziumgehalt das Gefüge dieser Schicht körnig aussieht, erscheint es bei abnehmenden Kohlenstoff- und Siliziumgehalt in steigendem Maße strahlig; und zwar verlaufen die strahligen Kristalle, wie das bei jeder Art Kokillenguß beobachtet werden kann, senkrecht zur Formfläche. Bei scharfen Kanten der Form überschneiden sie sich, so daß die Gußstücke an diesen Stellen besonders empfindlich sind und leicht einreißen. Die anfangs erhobene Forderung auf Abrundung aller scharfen Kanten bei den Dauerformgußstücken findet hiermit also ihre Begründung.

An den Stellen, wo die Form geteilt ist oder wo bei zusammengesetzten Formen sich Luftschlitze zwischen den Formteilen befinden,

125 ×

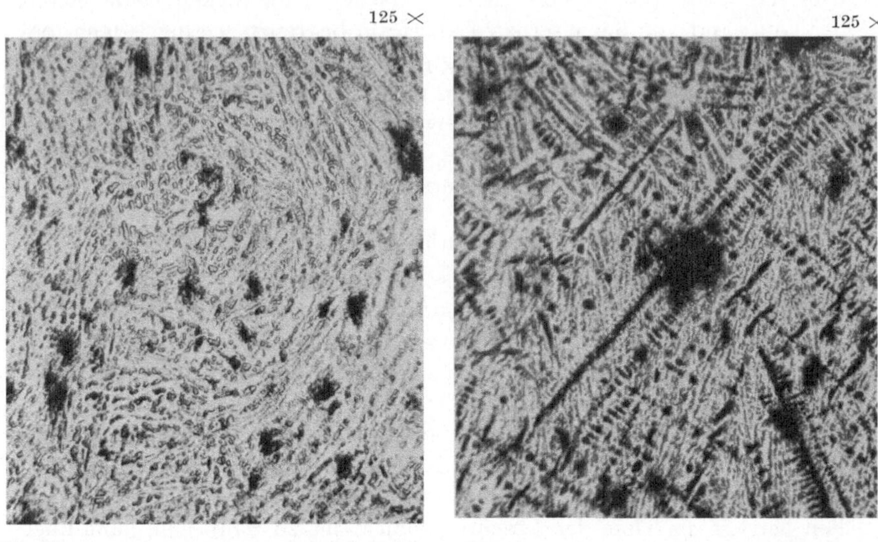

Abb. 46.   Randschicht.
ungeätzt.

Abb. 47.   Randschicht.
geätzt mit alkoh. Salzsäure.

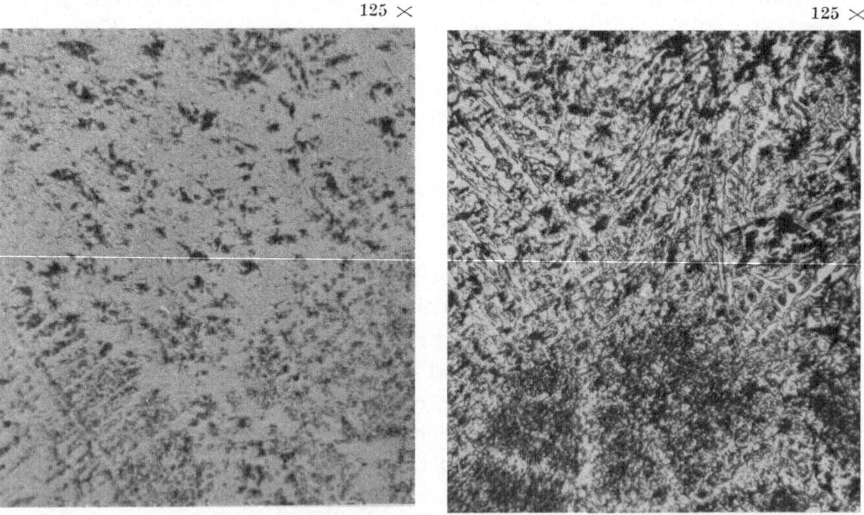

Abb. 48.   Übergangszone.
ungeätzt.

Abb. 49.   Übergangszone.
geätzt mit alkoh. Salzsäure

Dauerformguß.

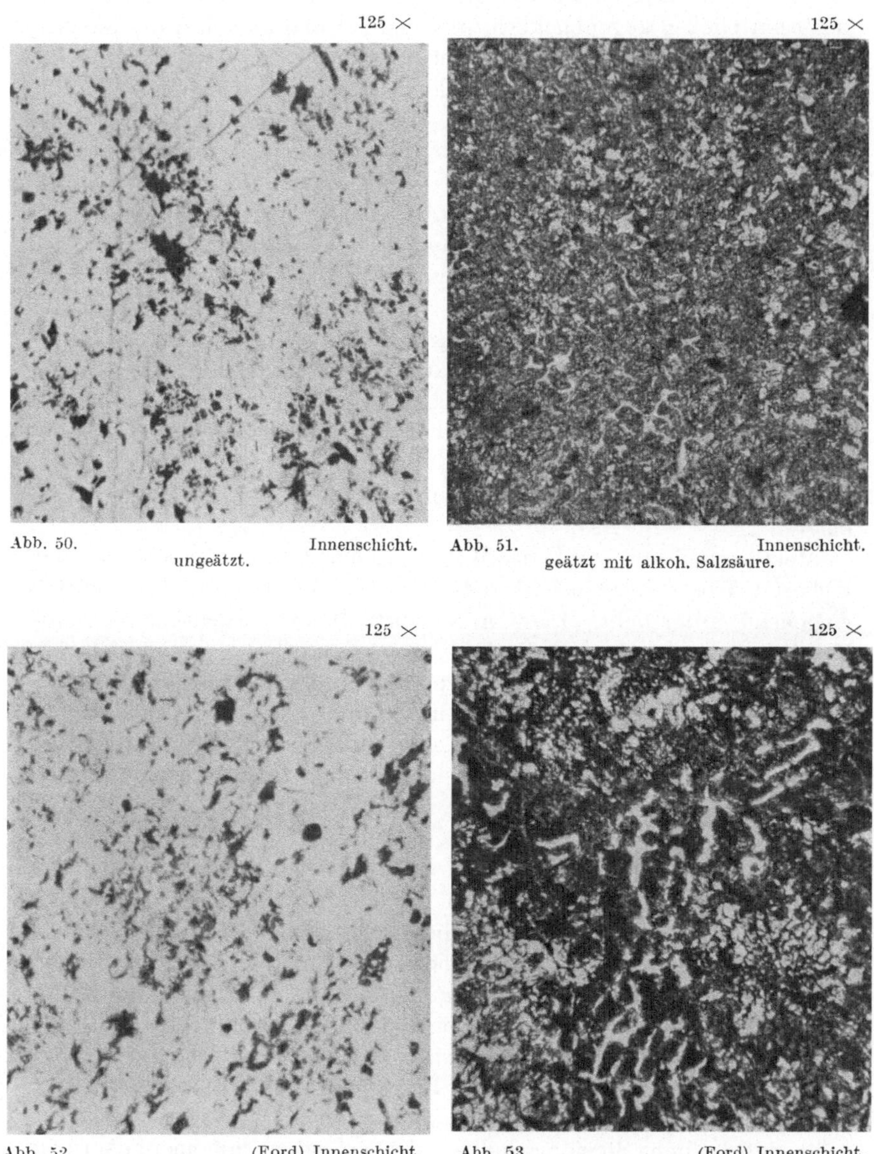

125 ×   125 ×

Abb. 50.   Innenschicht.   Abb. 51.   Innenschicht.
ungeätzt.   geätzt mit alkoh. Salzsäure.

Abb. 52.   (Ford) Innenschicht.   Abb. 53.   (Ford) Innenschicht.
ungeätzt.   geätzt mit alkoh. Salzsäure.

pflegt die Abschrecktiefe besonders groß zu sein. Das erklärt sich dadurch, daß an diesen Stellen ein oft kaum zu erkennender Grat entsteht, der beim Gießen augenblicklich weiß erstarrt und dann auf die Kristallisation der benachbarten Flüssigkeit impfend wirkt. Daß dieselbe Erscheinung auch eintritt, wenn gar kein erkennbarer Grat sich angießt, ist wohl so zu erklären, daß in der Nähe der Teilungsfugen die Form besonders gut gelüftet wird, so daß an diesen Stellen im Augenblicke des Gießens die Oberflächenspannung oder Kohäsion des Metalles aufgehoben und die Flüssigkeit daher inniger an die Formwand gepreßt und infolgedessen energischer abgeschreckt wird als an anderen Stellen, wo das Metall durch seine Kohäsion, vielleicht auch durch die früher erwähnte isolierende Gasschicht, in einem gewissen Abstande von der Formwand gehalten wird. Im übrigen ist es ja eine auch in der Sandformerei bei dünnwandigem Guß häufig zu beobachtende Erscheinung, daß bei hartem Eisen der Grat zuerst weiß erstarrt und dann in das Gußstück selbst hineinstrahlt. Nur was beim Sandformguß Zufall ist, das ist beim Dauerformguß die Regel und tritt, wie gesagt, beim Dauerformguß sogar dann ein, wenn gar kein sichtbarer Grat entsteht.

Metallographisch wurde das Wesen der harten Außenschicht und der melierten Übergangsschicht bereits 1907 von Wedding und Cremer[25] eingehend untersucht. Diese Arbeit betrifft zwar eigentlich den absichtlichen Hartguß, aber die Verhältnisse sind dort ganz ähnlich wie beim Dauerformguß, der eine Art von unfreiwilligem Hartguß darstellt. Die Beobachtungen von Wedding und Cremer haben daher auch für den Dauerformguß Gültigkeit. Die weiße Außenschicht besteht aus nadeligem Zementit, mit ganz wenigen punktförmigen graphitischen Ausscheidungen, die die Verfasser in Anlehnung an Benedicks als Sphärulite bezeichnen. Mit wachsender Entfernung vom Rande vermehren sich diese Sphärulite und geben schließlich der eigentlichen Übergangsschicht das bekannte melierte Aussehen. Über das Wesen der graphitischen Nester oder Sphärulite hat später Schüz eingehende Untersuchungen angestellt und dabei ermittelt, daß es sich bei diesen um ein Graphitferriteutektikum handelt. Er fand dieses Eutektikum zuerst 1922[26] als Zufallsergebnis bei dünnwandigem Maschinenguß mit mehr als 3% Silizium und kam dann später 1925[27] auf der Suche nach einem Verfahren zur planmäßigen Erzeugung dieses Eutektikums auf die Verwendung von Kokillen oder Dauerformen, nachdem er erkannt hatte, daß der hohe Siliziumgehalt erst in Verbindung mit einer gehörigen Unterkühlung das gewünschte Gefüge ergab. Schüz hat festgestellt, daß selbst beim Eingießen von Eisen in Wasser dieses Graphiteutektikum bei hinreichend hohem Siliziumgehalt entsteht. Das weiße Eisen liegt dabei nicht als grobnadeliger Zementit, sondern in Form von Martensit vor, was für die Festigkeit des Materials nach dem Glühen wesentlich und günstig erscheint.

Die von Schüz erstmalig ausgesprochene Erkenntnis, daß die Dauerform ein geeignetes Hilfsmittel zur planmäßigen Erzeugung des Graphiteutektikums ist, eröffnet den Dauerformverfahren plötzlich ganz neue Aussichten und Möglichkeiten. Denn gerade auf die Erzeugung eines Gußeisens mit eutektischer Graphitverteilung konzentrieren sich in allerneuester Zeit die Bestrebungen aller fortschrittlichen Theoretiker und Praktiker in der Gießerei. Hanemann[28] erzeugt das Gußeisen mit eutektischer Graphitverteilung, indem er die Schmelze eine Zeitlang überhitzt und dann in gewöhnliche Sandformen gießt. Er benötigt dafür eine besondere Schmelzanlage, da der in der Gießerei übliche Kupolofen keine beliebig lange Überhitzung des Schmelzgutes gestattet. Die Dauerform ermöglicht es, ein ähnliches — um nicht zu sagen das gleiche — Gefüge ohne jede Überhitzung zu erhalten, durch starke Unterkühlung des Metalles in der Form. Die Dauerformverfahren treten damit in die erste Reihe der zur „Veredelung" des Gußeisens geeigneten Verfahren ein und gewinnen dadurch noch nicht zu übersehende Aussichten für die Zukunft.

Die Schliffbilder 46—51 sind einem ungeglühten Dauerformgußstücke deutscher Herkunft mit 3,62% C, 3,36% Gr. (in der grauen Innenschicht), 2,83% Si, 0,56% Mn, 0,38% P und 0,090% S entnommen. Abb. 46 u. 47 zeigen die sehr stark abgeschreckte Außenschicht mit reinem Zementit und sehr wenigen Graphitsphäruliten. Die Bilder 48 u. 49 entstammen der Übergangsschicht, Abb. 50 u. 51 zeigen die graue Innenzone mit feinschuppigem Perlit als Grundgefüge und eingelagertem feinblätterigen Graphit. Bei sehr hartem Eisen ist das Gefüge dieser Schicht häufig noch stellenweise mit einem Netzwerk von Ledeburit durchzogen. Die Abb. 52 u. 53 zeigen die Innenschicht eines Dauerformgußstückes von Ford, der nach dem Verfahren von Holley gießt. Die Analyse dieses Stückes ist 3,34% C, 2,90% Gr. (in der grauen Zone), 2,68% Si, 0,41% P und 0,095% S.

2. Wirkung der Nachbehandlung.

Als Gießer wird man häufig von Maschineningenieuren gefragt: „Warum vergüten Sie Ihren Grauguß eigentlich nicht?" Und der verstorbene Direktor Dr. Huhn der L. Loewe & Co. A.G. pflegte bei Gelegenheit zu sagen: „Wir müssen zu einem Gußeisen mit Dehnung kommen!", wobei ihm auch offenbar ein Werkstoff vorschwebte, der ähnlich wie Stahl durch Glühen vergütet wird. Man darf als Graugießer solche Anregungen, so sehr sie auch scheinbar mit dem Charakter des Gußeisens in Widerspruch stehen, nicht unbeachtet lassen; denn sie zeigen deutlich, warum die Verwendung des Gußeisens als Werkstoff zurückgeht und warum die Lage der Gießereien von Jahr zu Jahr schlechter wird. Das Gußeisen ist ein unzuverlässiger Werkstoff. Es ist spröde, voller Spannungen und gelegentlich auch noch mit harten Stellen behaftet, die seinen Hauptvorzug, die leichte Bearbeitbarkeit, beeinträchtigen. Der Gedanke, solche Fehler durch Vergüten zu beseitigen, also grundsätzlich jedes Gußstück vor der Lieferung zu glühen, ist durchaus nicht von der Hand zu weisen, wenn dafür auch wahrscheinlich der jetzt übliche Grauguß mit seiner groben Graphitausbildung als Ausgangsstoff nicht in Frage kommt. Was aber für den sandgeformten Grauguß vorläufig nur eine Möglichkeit ist, und bisher nur ganz vereinzelt, z. B. für Automobilzylinderkolben, regelmäßig durchgeführt wird, das ist für den Dauerformguß eine unbedingte Notwendigkeit. Denn die genannten Fehler, wie Sprödigkeit, Spannungen und harte Stellen, lassen sich, wie im vorigen Abschnitt geschildert, beim Dauerformguß von vornherein nicht mit unbedingter Sicherheit vermeiden. Diese Sicherheit ist aber vor allen Dingen nötig, da sie erst das Vertrauen zum Dauerformguß bringen kann, das in den vergangenen Jahren durch die fortwährenden Versuche der Gießer, um das Glühen herumzukommen, verscherzt wurde. Das Glühen ist gar kein notwendiges Übel, wie manche Gießer glauben, sondern es ist ein ganz besonderer Vorzug beim Dauerformguß. Es ist eben das „Vergüten", wie es die Gußverbraucher sich wünschen.

Zunächst die technische Ausführung dieses Vergütungsprozesses: Als man erkannt hatte, daß trotz der richtigen Gattierung, der richtigen Formtemperatur, des rechtzeitigen Ausleerens und auch trotz Anwendung von Wärmeschutzschichten nicht der gewünschte Erfolg erzielt und die Härte und Sprödigkeit des Dauerformgusses durch diese Maßnahmen nicht unter allen Umständen vermieden werden konnte, ging man zunächst dazu über, die Gußstücke nach dem Ausleeren aus der Form in besondere Schutzmittel zu packen, um die weitere Abkühlung nach Möglichkeit zu verzögern. Bereits Custer[8] hatte erkannt, „daß, wenn die dunkelrotwarmen Rohre (die also zu lange in der Form geblieben und dadurch hart geworden waren) mit den sehr heißen gelbwarmen zusammengestapelt wurden, erstere durch dieses Glühverfahren nach dem Abkühlen bearbeitbar wurden". In der Beschreibung des Myers Verfahrens[13] heißt es:

„Wesentlich ist das Selbstausglühen der Gußstücke. Diese werden, sobald sie aus der Form fallen, in eine pulverige Masse von bestimmter Zusammensetzung getaucht. Die isolierende Wirkung dieser Masse ist so groß, daß die Gußstücke viele Stunden heiß bleiben und so schrittweise abkühlen. Die Zeit, die die Gußstücke in dieser Packung bleiben, schwankt nach der Größe der Wandstärke. Kolben werden 4 Stunden darin gelassen."

Und Schwartz[14] schließlich schreibt noch vor 2 Jahren:

„Um bearbeitbare Abgüsse zu erhalten, müssen diese sofort nach dem Erstarren aus der Form ausgeleert und dann in schlechte Wärmeleiter oder in luftdichte Gefäße gepackt werden."

Diese Hilfsmaßnahmen sind durchaus geeignet und haben auch sicherlich manches Dauerformgußstück vor dem Hartwerden geschützt. Sie bringen aber ebensowenig wie die obengenannten Betriebsmaßnahmen eine unbedingte Sicherheit. Wenn ein Gußstück in der Form bereits zu tief abgekühlt und infolgedessen hart geworden ist, dann kann auch die nachträgliche Verzögerung der Abkühlung die Härte nicht wieder aufheben, sondern solche Stücke bleiben hart. Es gibt deshalb keine andere Möglichkeit, als diese Gußstücke nachträglich noch einmal auf etwa 850° C zu erwärmen, also regelrecht zu glühen. Daß man nun die Gußstücke nicht erst völlig abkühlen läßt, sondern sofort nach dem Ausleeren aus der Form in den Glühofen bringt, liegt bereits aus wärmewirtschaftlichen Gründen nahe. Außerdem hat es sich gezeigt, daß Gußstücke, die erst völlig abgekühlt und dann aufs neue auf die Glühtemperatur erwärmt werden, sich durch Auslösung der inneren Spannungen leicht verziehen. Die Neigung der Gußstücke zum Verziehen verursacht überhaupt einige Schwierigkeiten beim Glühen. Sie zwingt dazu, nach dem Schleudergußverfahren hergestellte Rohre im Glühofen ständig langsam zu drehen. Für kleine Gußstücke hat sich der von der Firma Delco-Remy in Anderson Ind. angewendete Trommelofen (vgl. S. 14) gut bewährt, in dem die Gußstücke durch die Drehbewegung des Ofens ständig gewendet und so vor ungleichmäßiger Wärmeaufnahme geschützt werden. Bei dem Durchgangsglühofen und noch mehr bei den Einsatzöfen hat es sich als zweckmäßig erwiesen, die Gußstücke in Sand lose einzupacken, damit sie nicht übereinander hohl liegen und in der Ofenwärme zusammenfallen oder sich deformieren. Kleinen Hohlkörpern kommt beim sofortigen Glühen zugute, daß sie noch vom Gießen her den Sandkern enthalten, der ihnen hilft, ihre Form zu bewahren.

Über den Einfluß der Temperatur, Glühdauer und Abkühlgeschwindigkeit auf den Verlauf des Glühprozesses liegt eine Reihe von Untersuchungen vor, deren Ergebnisse in Tabelle 7 einschließlich der Analysen der verwendeten Ausgangsmaterialien zusammengestellt sind. Danach hat J. E. Hurst[29] 1917 festgestellt, daß durch Glühen über 750° fast der gesamte Kohlenstoff des Gußeisens (mit Ausnahme des im Phosphideutektikum enthaltenen) in Graphit übergeführt wird. Die Glühdauer spielt dabei keine Rolle; im Gegenteil, nach 15stündigem Glühen beginnt das Eisen, den graphitischen Kohlenstoff zurückzulösen, so daß sich nach dem Abschrecken wieder steigende Mengen von gebundenem Kohlenstoff im Eisen zeigen. Nach dreißigstündigem Glühen erreicht die Menge des zurückgelösten Kohlenstoffes mit etwa 50% des Gesamt-

Tabelle 7.

Einfluß von Temperatur, Glühdauer und Abkühlungsgeschwindigkeit auf das Glühen von Grauguß.

Forscher	Ausgangsanalyse der Proben						Versuchs-Ergebnisse		
	C	Gr.	Si	Mn	P	S	Temperatur	Glühdauer	Abkühlungsgeschwindigkeit
Hurst 1917	3,30	2,91	2,39	0,64	1,19		über 750°	beliebig, nicht zu lange: nach 15 Std. wird C zurückgelöst	nicht untersucht Proben abgeschreckt
Piowarski 1922	3,18 2,48	2,49 1,54	2,95 2,25	0,63 0,60	0,102 0,90	0,068 0,055	zwischen $Ar_1 = 730\text{—}740°$ und $Ac_1 = 800\text{—}820°$	ohne Einfluß	langsam (1—2°/Min.) bis Ar_1 dann ohne Einfluß
Schüz 1922	3,56	3,06	2,26	0,56	0,38	0,112	bei 600° erforderlich 24 Std. „ 650° „ 6 „ über 650° „ 3 „		nicht untersucht
Schüz 1924	3,48	2,50	1,95	0,75	0,65	0,112	800°	ohne Einfluß (1 Min. genügt)	langsam (max. 3°/Min) unter Ar_1 ohne Einfluß

gehaltes ihren Höhepunkt. Die Proben wurden im Wasser abgeschreckt, der Einfluß der Abkühlungsgeschwindigkeit also nicht berücksichtigt. E. Piwowarski[30] dehnt die Versuche von Hurst auf den Einfluß der Abkühlungsdauer aus und zieht gleichzeitig ein Eisen mit tempergußartig niedrigem Kohlenstoff, aber hohem Siliziumgehalt heran. Dieses Eisen verhält sich genau wie das höher gekohlte Gußeisen: Nach dem Erhitzen auf etwa 800° C ist kein gebundener Kohlenstoff in nennenswerter Menge mehr vorhanden, sofern das Temperaturintervall zwischen Ac_1 und Ar_1 langsam genug mit einer Abkühlungsgeschwindigkeit von etwa 1—2°/Min. durchlaufen wird. Danach kann die Abkühlung beliebig schnell, also sogar durch Abschrecken in Wasser erfolgen. Schüz[31] untersucht die Mindesttemperatur und Mindestglühzeiten und findet, daß bei 24 stündigem Glühen der Zerfall des Perlits und Zementits bei 500° C beginnt und bei 600° C vollkommen ist. Bei dreistündigem Glühen sind die entsprechenden Temperaturen 575 bzw. 650° C. Der Abkühlungsgeschwindigkeit schenkt Schüz bei dieser Untersuchung keine Beachtung, holt den Mangel aber 1924 nach und bestätigt nun[32] im wesentlichen die Feststellung von Piwowarski.

Das übereinstimmende Ergebnis ist also, daß ein Gußeisen selbst bei niedrigem Kohlenstoffgehalt von etwa 2,5% durch Erwärmen auf etwa 800° C und anschließendes langsames Abkühlen bis auf etwa 730° weich geglüht werden kann. Voraussetzung ist allerdings, daß ein Teil des Kohlenstoffes bereits vor dem Glühen als Graphit vorliegt, was natürlich bei niedrigem Kohlenstoffgehalt einen entsprechend höheren Siliziumgehalt bedingt. Die Temperatur von 800° C braucht nach den Versuchen nur soeben erreicht zu sein, praktisch müssen die Abgüsse allerdings kurze Zeit auf dieser Temperatur gehalten werden, damit die Gußstücke durch und durch die erforderliche Temperatur annehmen.

Die Abkühlungsgeschwindigkeit von 2—3°/Min. für das Temperaturintervall von 800 bis etwa 700° C ergibt praktisch die Werte für die Baulänge und für die Durchsatzzeit eines kontinuierlichen Glühofens. Gelangen die Gußstücke bereits mit einer Anfangstemperatur von 500—600° C aus der Form in den Ofen, so braucht die Anwärmezone nur verhältnismäßig kurz zu sein. Die Glühzone selbst zieht man konstruktiv auf einen Punkt zusammen, an dem man die Öl- oder Gasbrenner ansetzt oder sonstwie dem Ofen die Wärme zuführt. Eine gewisse Ausdehnung erhält die Glühzone von selbst durch die Ausbreitung der Flamme. Will man dann die Gußstücke bei etwa 700° C aus dem Ofen heraustreten lassen, so ergibt sich für die Abkühlzone eine Länge von 5 m bei einer Durchsatzgeschwindigkeit von 8 Min./m oder 10 m bei 4 Min./m. Das Produkt aus Länge und Durchsatzgeschwindigkeit muß jedenfalls für die Abkühlzone etwa 40 m · Min. betragen, damit die notwendige Abkühlungsgeschwindigkeit von 2—3°/Min. eingehalten wird.

a) Technologische Beschaffenheit nach dem Glühen.

Durch das Glühen ist das Material nun von Grund auf verändert. Zunächst sind die Schwierigkeiten, die der ungeglühte Dauerformguß bei der Bearbeitung machte, vollständig verschwunden. Die harte Außenschicht ist weich, die harten Stellen, die, wie erwähnt, beim Bearbeiten so besonders störend wirkten, sind nicht mehr vorhanden. Das Material ist im Gegenteil jetzt viel leichter zu bearbeiten als gewöhnlicher Grauguß, was sich durch die größere Dichte und Homogenität des Dauerformgusses erklärt. Während bei der Bearbeitung von normalem Grauguß mit Schnelldrehstahl nur mit einer Schnittgeschwindigkeit von etwa 15—25 m/Min. bei 4 mm Vorschub gerechnet werden kann, erreicht man

beim geglühten Dauerformguß spielend 55 m/Min. unter den gleichen
Bedingungen, wie eigene Messungen ergeben haben. Schwartz, der
bei seinem Dauerformguß ebenfalls die Schnittgeschwindigkeit untersucht hat, gibt sogar über 65 m/Min. an und erwähnt noch ausdrücklich, daß die Stähle dabei länger standen, als vorher je für möglich gehalten wurde. Hohe Schnittgeschwindigkeit und Lebensdauer der Werkzeuge sind insbesondere auch eine Folge davon, daß der Dauerformguß nach dem Glühen keine Gußhaut hat in dem Sinne wie Sandformguß. Denn bei diesem ist die äußere Haut nicht nur von Natur härter als
der Kern, sondern die beim Gießen festbrennenden Sandkörnchen geben
der Gußhaut geradezu einen schmirgelartigen Charakter, der die Werkzeuge erklärlicherweise stark angreift und häufig bei schlechtem Sande
zum Beizen der Gußstücke mit Schwefelsäure zwingt.

b) Verbesserung der mechanischen Eigenschaften.

Wie Pardun[16] festgestellt hat, sind ferner durch das Glühen sämtliche Festigkeiten des Dauerformgusses gestiegen (vgl. Tabelle 6). Zugfestigkeit und Biegefestigkeit, die beim ungeglühten Material schon höher
lagen als bei gewöhnlichem Grauguß, übertreffen jetzt die entsprechenden Werte des in Sand gegossenen Gußeisens um 40—50%. Schlagfestigkeit und Durchbiegung, die vor dem Glühen etwas niedriger waren
als beim Sandformguß, sind jetzt ebenfalls um durchweg 20% höher
als bei diesem. Diese Tatsachen sind nicht zu bestreiten, und daß bei
den Pardunschen und anderen privaten Untersuchungen nicht irgendwelche besonders vorbereiteten oder ausgesuchten Proben zugrunde gelegt sind, ist inzwischen längst durch amtliche Prüfungen — im Material-
prüfungsamt zu Berlin-Dahlem sowohl, als auch durch die American
Society for Testing Materials — bestätigt worden. In Amerika ist man
sogar schon dabei, auf Grund der höheren Festigkeiten neue Abnahme-
bedingungen für Schleudergußrohre aufzustellen, die, wie bereits wiederholt erwähnt, als Sondergattung des Dauerformgusses zuerst zu allge-
meiner Bedeutung und Anerkennung gelangt sind.

Nur eine nachteilige Eigenschaft des Dauerformgusses hat das Glühen
bisher nicht völlig beseitigen können: die Sprödigkeit. Zwar ist der Guß
nach dem Glühen bedeutend widerstandsfähiger gegen Schläge als vorher, aber die Sprödigkeit ist doch beim geglühten Dauerformguß immer
noch größer oder mindestens ebenso groß wie beim normalen sandgeformten Grauguß. Das ist sonderbar; denn in Anbetracht der bedeuten-
den Steigerung fast aller Festigkeiten und angesichts der Homogenität
und Dichte des Werkstoffes sollte man nach dem Glühen diese Sprödigkeit eigentlich nicht mehr erwarten. — Ihre Ursache wurde bei dem ungeglühten Gusse zunächst in dem verhältnismäßig hohen Phosphorgehalt
des Eisens gesucht. Da dieser durch das Glühen nicht verändert ist,

bleibt die Phosphorsprödigkeit auch nach dem Glühen bestehen. Sodann aber wurde als Hauptgrund für die Sprödigkeit der Spannungszustand der verschiedenen Schichten im Querschnitt eines Gußstückes angenommen. Beim Gießen erstarrt, wie ausführlich geschildert wurde, die Außenschicht durch die kühlende Wirkung der Dauerform soviel schneller als die weiter zurückliegenden Schichten, daß ihre Schwindung im wesentlichen schon beendet ist, während das übrige Material noch flüssig ist. Erst dann beginnt die Innenschicht ebenfalls zu erstarren und zu schwinden und erzeugt nun, da sie durch die bereits weitgehend abgekühlte Außenschicht am freien Schwinden gehindert wird, Druckspannungen in der weißen Außenschicht und Zugspannungen in der grauen Innenschicht.

Die Spannungen im Wandquerschnitt sind also zunächst nur darauf zurückzuführen, daß die Erstarrung und Schwindung der einzelnen Schichten nicht auf einmal, sondern getrennt erfolgen. Daß darüber hinaus die weiße Außenschicht ein ganz anderes Schwindmaß (etwa 1,5%) hat als die graue Innenschicht (etwa 0,75%), tritt dabei noch gar nicht in Erscheinung; denn die Schwindung der Außenschicht erfolgt bereits, während die Innenschicht noch flüssig, also nachgiebig ist. Wenn nun aber durch das nachträgliche Glühen das weiße Eisen der Außenschicht in graues Eisen umgewandelt wird — denn das ist der Sinn des Ausglühens —, dann erfährt diese Außenschicht eine Volumenzunahme, die annähernd der ursprünglichen Differenz der Schwindmaße entspricht. Die Außenschicht wächst also um ungefähr 0,75%, und da die Innenschicht sich während des Glühens nicht mehr verändert, ergibt sich, daß die Außenschicht, die vor dem Glühen die Innenschicht nur am freien Schwinden hinderte, nach dem Glühen diese förmlich auseinanderzuziehen trachtet, so daß also als Folge des Glühens erhöhte Druckspannung in der Außenschicht und erhöhte Zugspannung in der Innenschicht entsteht. Daß dieser verschärfte Spannungszustand sich nicht sogar in erhöhter Sprödigkeit und Bruchgefahr nach dem Glühen äußert, erklärt sich dadurch, daß die Außenschicht durch das Glühen an sich außerordentlich weich geworden ist. Daß der geschilderte Spannungszustand nach dem Glühen aber tatsächlich herrscht, wird durch folgende sehr interessante Beobachtung aus dem Betriebe bewiesen.

Es wurde eine große Menge Kolben in Dauerformen gegossen, die gemäß Abb. 54 keinen Boden hatten, also als offene Zylinder verhältnismäßig ungehindert schwinden konnten. Die Kolben hatten, wie die Abbildung zeigt, am unteren Teile zwecks Gewichtsersparnis nur eine geringe Wandstärke, während oben reichlich Material zum Einstechen der Kolbenringnuten vorgesehen war. (Beim Gießen lag der starkwandige Teil unten.) Nach dem Bearbeiten blieben an dem dünn-

wandigen Teile nur noch 1,5 mm stehen, während die Wandstärke
der Abgüsse einschließlich Bearbeitungszugabe hier 4 mm betrug. Nun
kam es häufig vor, daß die Kolben nach beendigter Bearbeitung einschließlich des Schleifens über Nacht ohne irgendeine Berührung plötzlich sprangen. Die Untersuchung ergab, daß die Abgüsse manchmal
nach dem Glühen auf der Innenfläche des dünnwandigen Teiles feine
Längsrisse von 20—30 mm Länge und bis zu einem halben Millimeter

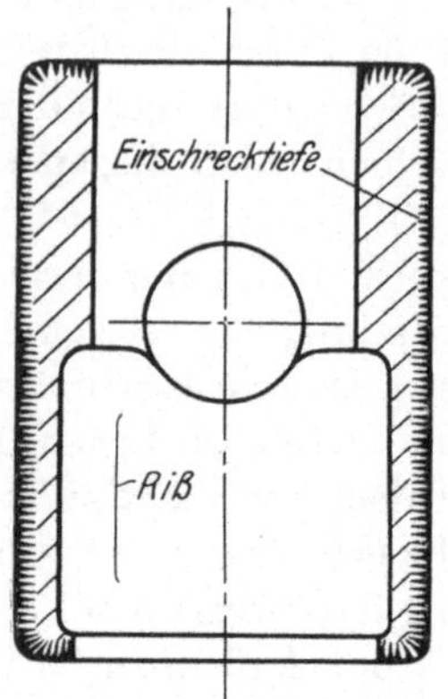

Abb. 54.
Kolben mit Glühriß.

Tiefe zeigten. Diese Risse verliefen nach oben
und unten im Material, wo die Abgüsse dickwandiger wurden; der verstärkte Wulst war
in keinem Falle mit eingerissen.

Die Risse waren offenbar beim Glühen entstanden, weil die Stärke der grauen Innenschicht
nicht ausreichte, um den durch das Wachsen
der Außenschicht beim Glühen freigewordenen
zusätzlichen Zugkräften erfolgreich Widerstand
zu leisten. Daß die Risse sich dabei an den
Stellen mit der geringsten Wandstärke zuerst
zeigen mußten, ist klar. Denn einmal ist natürlich bei geringer Wandstärke auch die graue
Schicht besonders schwach; darüber hinaus
aber pflegt gerade an den Stellen mit geringer
Wandstärke die Einschrecktiefe besonders groß

zu sein, weil die Gußstücke nach dem Gießen den dickwandigen Stellen
zuliebe für die dünnwandigen Teile zu lange in der Form bleiben
müssen. Bei den Kolben war daher, wie in der Abbildung angedeutet,
gerade an den dünnwandigen Stellen die weiße Außenschicht besonders stark, so daß also nach dem Glühen hier auch ganz besonders
große Zugkräfte auftraten.

c) Gefügeveränderung durch die Nachbehandlung.

Der Einfluß des Glühens auf das Gefüge beschränkt sich im wesentlichen auf die weiße Außenschicht und die melierte Übergangszone. Der
hier durch die Unterkühlung beim Gießen entstandene nadelige Zementit
sowie der feinere Martensit zerfallen in Ferrit und Temperkohle. Arbeitet
der Glühofen mit stark oxydierender Flamme, dann kommt es auch wohl
vor, daß die ausgeschiedene Temperkohle trotz der kurzen Glühdauer
in bemerkenswerter Menge am Rande herausbrennt. Der Bruch erscheint
dann nach dem Glühen in der Außenschicht wieder weißlich, so daß man
anfangs versucht ist zu glauben, die Randschicht sei hart geblieben.
Durch Anfeilen kann man sich aber bereits überzeugen, daß sie durchaus weich ist, und unter dem Mikroskop erkennt man, daß das Gefüge tatsächlich rein ferritisch ist.

Normalerweise bleibt aber der ausgeschiedene Kohlenstoff in Form von Temperkohlenestern zwischen den Ferrit polyedern eingeschlossen, wie die Abb. 55 u. 56 deutlich zeigen. Das Bruchaussehen ist dann nach dem Glühen gleichmäßig grau. Die Bilder 59 u. 60 zeigen, daß in der ursprünglich grauen Schicht die charakteristische Zeilenstruktur und das Graphitferriteutektikum des Dauerformgusses geblieben sind. Die Bilder 55—60 stammen von einem deutschen Dauerformgußstück mit folgender Analyse: 3,66% C, 3,62% Gr. (nach dem Glühen), 2,90% Si, 0,14% P und 0,087% S. Das den Bildern 61 u. 62 zugrunde liegende Dauerformgußstück stammt aus Amerika von Holley. Seine Analyse ist 3,40% C, 3,40% Gr. (nach dem Glühen), 2,80% Si, 0,26% P, 0,069% S.

3. Vergleich des Dauerformgusses mit Grauguß und Temperguß.

Durch das nachträgliche Glühen des Gusses erhalten die Dauerformverfahren schon rein äußerlich eine gewisse Ähnlichkeit mit der Arbeitsweise beim Temperguß. Und auch die Eigenschaften des Erzeugnisses ähneln denen des Tempergusses in mancher Beziehung. Die Bearbeitungsfähigkeit ist beim Dauerformguß fast die gleiche wie beim Temperguß, wie aus den angegebenen Werten für die Schnittgeschwindigkeit hervorgeht. Die mechanischen Festigkeiten liegen zwischen den Festigkeitswerten von gewöhnlichem Grauguß und Temperguß, wie die von Pardun angestellten Zerreiß- und Biegeversuche gezeigt haben. Nur die Dehnung und Kaltverformbarkeit, die gerade ein charakteristischer Vorzug des Tempergusses ist und diesem Werkstoffe die Bezeichnung „schmiedbarer Guß" eingetragen hat, fehlt dem Dauerformguß. Statt dessen besitzt dieser in seiner Sprödigkeit eine sehr unangenehme Eigenschaft, die ihn hinsichtlich der Widerstandsfähigkeit gegen Schläge und Stöße oft sogar dem gewöhnlichen Grauguß unterlegen macht. Es ist daher klar, daß die Bestrebungen der Dauerformgießer vorläufig in erster Linie der Bekämpfung dieser Sprödigkeit gelten müssen.

Welche Wege dabei einzuschlagen sein werden, zeigt wieder der Vergleich mit dem Temperguß. Dieser ist vor dem Glühen in noch viel höherem Maße als Dauerformguß hart und spröde. Die Sprödigkeit des ungeglühten Tempergusses ist aber nicht auf Spannungsunterschiede zwischen verschiedenen Schichten im Materialquerschnitt zurückzuführen, sondern in der Natur des Gefüges selbst begründet. Denn der Bruch ist einheitlich und durch und durch weiß. Das ist meines Erachtens der Hauptvorteil beim Temperguß, daß man es nur mit einer Art von Gefüge zu tun hat und daß nicht innerhalb des Wandquerschnittes zwei grundverschiedene Materialschichten vorhanden sind. Wie verschieden Weißeisen und Graueisen voneinander sind, geht deutlich aus Abb. 62 nach Th. Thurner[33] hervor. Danach hat die Schwin-

Geglühter

125 $\times$

125 $\times$

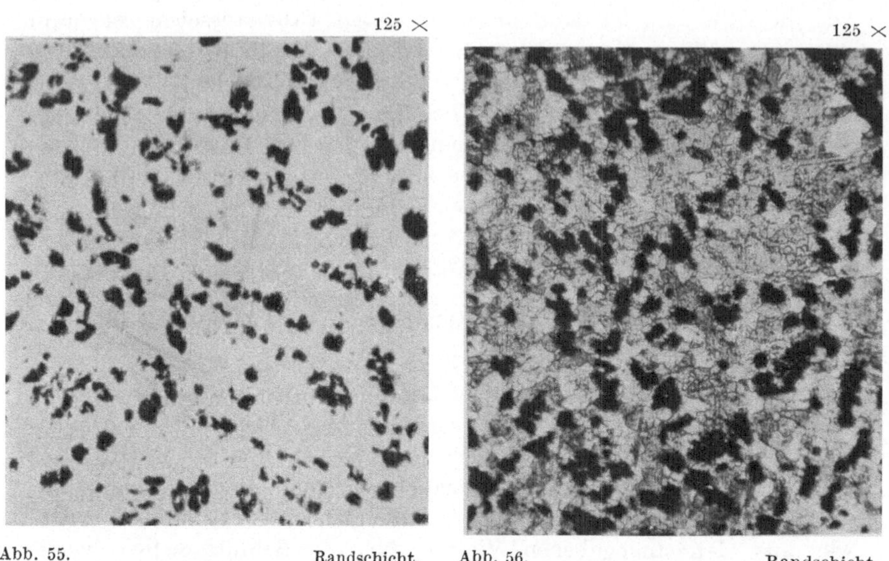

Abb. 55.   Randschicht.   Abb. 56.   Randschicht.
       ungeätzt.   geätzt mit alkoh. Salzsäure.

125 $\times$

125 $\times$

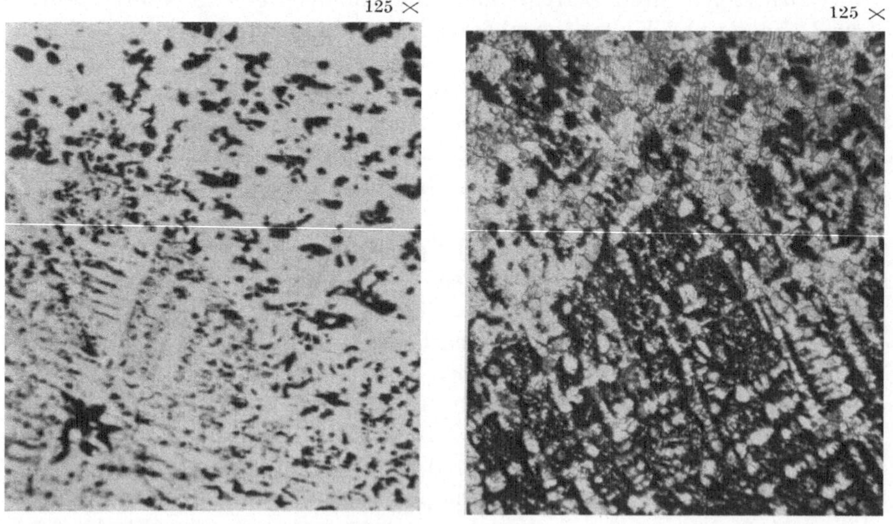

Abb. 57.   Übergangszone.   Abb. 58.   Übergangszone.
       ungeätzt.   geätzt mit alkoh. Salzsäure.

Dauerformguß.

125 ×

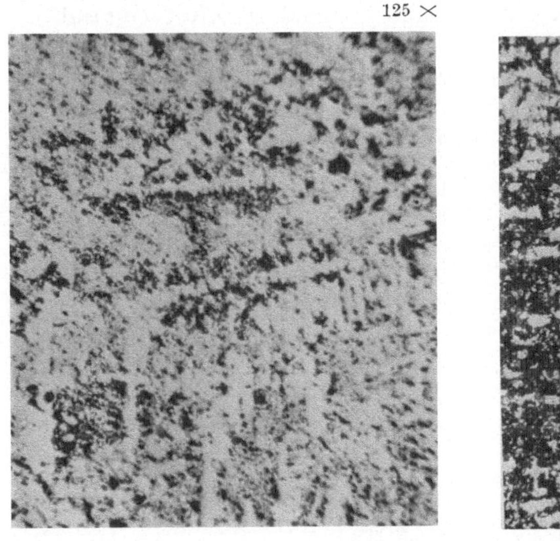

Abb. 59.   Innenschicht.
ungeätzt.

125 ×

Abb. 60.   Innenschicht.
geätzt mit alkoh. Salzsäure.

125 ×

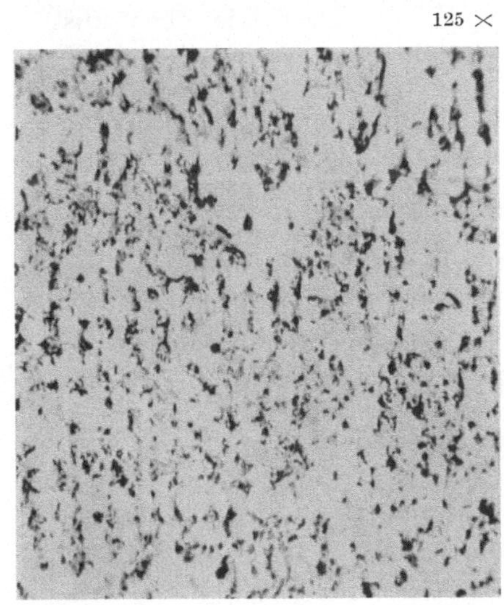

Abb. 61.   (Holley) Innenschicht.
ungeätzt.

125 ×

Abb. 62.   (Holley) Innenschicht.
geätzt mit alkoh. Salzsäure.

dungskurve des weißen Eisens mehr Ähnlichkeit mit der des Kupfers als mit der des Graueisens. Ein Gußstück aber, dessen Außenschicht aus Kupfer und Innenschicht aus Grauguß besteht, ist selbstverständlich undenkbar. Die Entwicklung wird also wahrscheinlich dahin führen, im Dauerformguß die primäre Entstehung von zwei Schichten zu vermeiden. Ob man sich nun dafür entscheidet, die weiße Schicht zu vermeiden, oder zunächst das ganze Stück weiß zu gießen, ist Ansichtssache. Möglich ist an sich beides; denn wenn man mit dem Kohlenstoffgehalt hoch genug geht, kann man sehr wohl die Entstehung von weißem Eisen in der Außenschicht verhüten, und wenn man andererseits mit dem Kohlenstoff auf etwa 2,5% heruntergeht, so erhält man ohne weiteres einen vollkommen weißen Bruch.

Meines Erachtens kommt die erste Möglichkeit für den Dauerformguß nicht mehr in Frage. Denn wie oben ausführlich gezeigt wurde, hat die Erfahrung gelehrt, daß die Gußstücke, auch wenn sie durchweg grau erstarrt sind, doch zur Aufhebung der inneren Spannungen noch geglüht werden müssen und auch nach dem Glühen noch eine gewisse Sprödigkeit be-

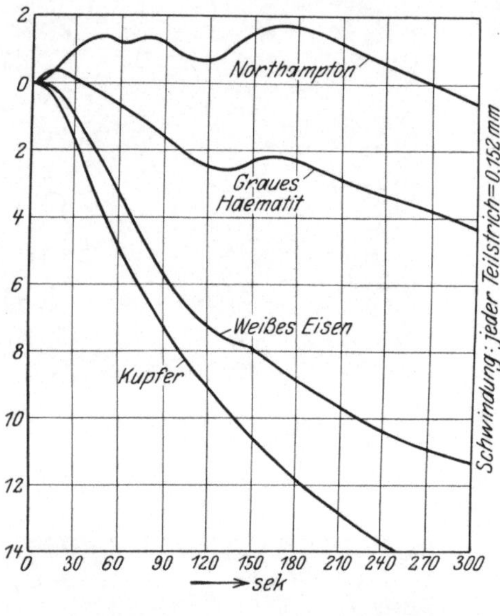

Bezeichnung	C	Gr.	Si	Mn	P	S
Northampton	2,75	2,60	3,98	0,50	1,25	0,03
Grau Hämatit	3,39	2,53	3,47	0,55	0,04	0,03
Weiß. Eisen	2,73	—	0,01	Sp	0,01	Sp

Abb. 63. Typen von Schwindungskurven (nach Thurner).

sitzen, so daß sie in dieser Beziehung höchstens dem in der Sandform gegossenen Grauguß gleichen. Die bessere Bearbeitungsfähigkeit, höhere Dichte und Festigkeit des Werkstoffes kommen also in diesem Falle eigentlich nicht zur Geltung.

Will man aber diese Eigenschaften des Dauerformgusses richtig zur Geltung bringen und in der Dauerform einen Guß erzeugen, der auch eine gewisse Dehnung besitzt, also dem Temperguß nahekommt, dann muß man dafür sorgen, daß das Material beim Guß zunächst vollständig weiß erstarrt. Nach dem Glühen erhält man dann über den ganzen Querschnitt ein gleichmäßiges Gefüge von Ferrit mit eingelagerter Temperkohle, etwa von der Art des amerikanischen Black-Heart-

Tempergusses. Das Dauerformverfahren kommt dann gewissermaßen auf eine Vereinfachung der sonst zur Erzeugung von Temperguß üblichen Arbeitsweise hinaus. Während man beim Temperguß gewöhnlich mit dem Kohlenstoff und Silizium heruntergehen muß, um die primäre Graphitausscheidung zu vermeiden, kann bei der Dauerform der Siliziumgehalt ruhig über 2% bleiben, weil die intensive Kühlwirkung der Kokille insbesondere bei niedrig gekohltem Eisen die Entstehung von Graueisen sowieso verhindert. Der hohe Siliziumgehalt kommt dann nachher beim Glühen der Zersetzungsgeschwindigkeit zustatten, so daß die Glühdauer von mehreren Tagen auf ebenso viele Stunden abgekürzt und auch das umständliche Einpacken der Gußstücke in Tempertöpfe gespart werden kann.

Diese Möglichkeit hat wohl Schwartz[14] als erster erkannt und zum Ausdruck gebracht. Er hat ein Eisen mit 3% C und 1,5% Si in der Dauerform weiß gegossen und in $5^1/_2$ Stunden weich geglüht. Das Material zeigte danach eine Zerreißfestigkeit von 31,5 kg/mm² bei einer Dehnung von 10%. Ähnliche Ergebnisse wurden bei der Harrison Radiator Co., Lockport, N.Y., nach einer mündlichen Mitteilung des dortigen Gießereiingenieurs erzielt. Hier erzeugt man im normalen Betriebe synthetisches Gußeisen aus Blechschrott, Carborundum und Elektrodenkohle im Elektroofen. Als gelegentlich der Kohlenstoffgehalt einer Charge beträchtlich unter 3% blieb, erhielt man in der Dauerform vollständig weiße Gußstücke als Zufallserzeugnisse. Man machte mit diesen Gußstücken Glühversuche und fand, daß sie nach 7—9stündigem Glühen bei 850° C weich und so dehnbar wurden, daß ein flacher Keil von 10 mm Stärke und etwa 150 mm Länge, wie man ihn dort zur Prüfung der Dünnflüssigkeit goß, kalt zu einem Ringe gebogen werden konnte. Die Analyse dieses Keiles nach dem Glühen ergab 2,63% C, 2,63% Graphit, 2,67% Si. Dabei war das Glühen unverpackt in einem langen Durchgangsofen vorgenommen, so daß die Teile der eigentlichen Glühtemperatur von etwa 850° C höchstens zwei Stunden lang ausgesetzt waren.

Diese Ergebnisse lassen für die Zukunft des Dauerformgusses vieles erhoffen. Daß sie nicht schon zu weiteren Fortschritten in der Richtung der Materialverbesserung geführt haben, liegt daran, daß es vorläufig noch nicht gelungen ist, Eisen mit niedrigem Kohlenstoffgehalt von 2,5—3% mit einem erträglichen Ausschußsatze in der Dauerform zu gießen. Die Abkühlung ist offenbar in der Dauerform für dieses Material zu stark, wie man bereits mit bloßem Auge am Bruchaussehen erkennen kann: Beim normalen Temperguß ist das Gefüge vor dem Glühen etwas mehr körnig, während es beim Dauerformguß stark strahlig und grobkristallin erscheint, etwa wie beim Zinkguß. Man wird durch Veränderung der Legierungsbestandteile zunächst die Ab-

schreckwirkung der Dauerform erheblich mildern müssen, um die Gußstücke überhaupt unbeschädigt aus der Form zu bekommen. Wenn
das aber gelungen sein wird, dann wird der Temperguß in dem Dauerformguß einen starken Konkurrenten finden, der durch die Erparnis
von Löhnen und durch die Verkürzung der Glühdauer um ein Beträcht-
liches billiger sein wird als normaler Temperguß.

V. Wirtschaftliche Fragen.

Einen Hauptanreiz zur Benutzung von Dauerformen bildete von
jeher der aus dem Fortfall von Löhnen zu erwartende wirtschaftliche
Vorteil. Und in der Tat ist beim Schleudergußverfahren, das wiederholt
als dasjenige Dauerformverfahren für Eisenguß bezeichnet wurde, das als
erstes sich durchgesetzt und ernstliche Bedeutung erlangt hat, ein wirt-
schaftlicher Vorteil gegenüber dem üblichen Sandformverfahren erzielt
worden. Die anderen Dauerformverfahren dagegen befinden sich noch
im Zustande der Entwicklung, und es ist hier bisher nur ganz vereinzelt
bei besonders günstiger und gleichmäßiger Beschäftigung wirklich zu
einer Ersparnis gegenüber der Sandformerei gekommen. Es muß daher
als gänzlich verfrüht bezeichnet werden, von den Dauerformverfahren
schon jetzt allgemein einen bemerkenswerten wirtschaftlichen Vorteil
zu erwarten. Im Gegenteil, wie bei jedem neu auszuprobierenden Verfahren liegen beim Dauerformguß die Selbstkosten zunächst durchweg
noch höher als beim Sandformguß.

Diese Erkenntnis wurde zum ersten Male im September 1926 auf der
Jahresversammlung der amerikanischen Gießereifachleute zu Detroit
zum Ausdruck gebracht. Im Rahmen dieser Tagung versammelten sich
die Dauerformgießer zu einer besonderen Ausschußsitzung, über deren
Ergebnis die bereits mehrfach angezogene Druckschrift 2610 der A.F.A.
interessante Aufschlüsse gibt. J. A. Murphy[6] stellt hier in einem Vortrage fest:

"Die Entwicklung von schnelleren und besseren Formmaschinen und Ein-
richtungen für schnellere Produktion von Gußstücken in Sandformen ist imstande,
die Anschaffungs- und Unterhaltungskosten einer Dauerform zu einem großen
Nachteil für diese zu gestalten. Die Überlegenheit der Gußstücke aus eisernen
Formen ist für manche Zwecke unbestreitbar, aber da die Anlagekosten bei der
Dauerform größer sind und auch sicherlich noch lange größer sein werden, bleibt
die Hauptschwierigkeit vor der Hand die, das Erzeugnis für einen entsprechend
höheren Preis abzusetzen als sandgeformten Guß."

In ähnlichem Sinne äußert sich nach Pardun[19] auch Dr. R. Moldenke, der in Anbetracht der Nachteile und hohen Anlagekosten von
Metalldauerformen den richtigen Weg zur Massenherstellung in einer
weiteren Entwicklung der Sandformverfahren sieht.

Gegen diese, leider begründet pessimistischen, Ansichten amerikanischer Fachleute über die vorläufigen wirtschaftlichen Aussichten des Dauerformgusses läßt sich in etwa das Beispiel des bereits bewährten Schleudergußverfahrens für Röhren ins Feld führen. Allerdings sind bei der Röhrenfabrikation auch die Möglichkeiten zur Ersparnis von Löhnen besonders groß. Zunächst fällt beim Schleuderröhrenguß der ganze Bohrungskern fort, mit dessen Herstellung normalerweise allein 3 Mann, das ist etwa $^1/_5$ der zu einer Partie vereinigten Akkordgruppe, dauernd beschäftigt sind. Ferner wird das Aufstampfen und Schwärzen der Formen gespart, das Einlegen der Bohrungskerne, das Ziehen der Spindeln nach dem Gusse usw. Nicht zu vergessen ist auch der Vorteil in der Putzerei; denn das Schleuderrohr ist innen und außen frei von Sand, so daß nur der Muffenkern entfernt werden muß. Das Spitzende, das beim sandgeformten Rohre in der Putzerei abgestochen werden muß, weil vom Gießen her Kopf und Einguß daranhängen, ist beim Schleuderrohr von vornherein glatt. Außer der Ersparnis von Formerlöhnen trifft beim Schleuderrohr also eine ganze Reihe von günstigen Umständen zusammen, die die Erzielung eines wirtschaftlichen Vorteiles ermöglichen.

Bei anderen Gußstücken ist dagegen die Möglichkeit der Lohnersparnis durch Anwendung von Dauerformen bei weitem nicht so groß, wie an einem Beispiele gezeigt werden möge. Will man das in Abb. 33 (Seite 40) dargestellte Gußstück von etwa 1 kg Gewicht in der Sandform gießen, so nimmt man mindestens 6 Stück auf eine Formplatte und zahlt dem Former für den Kasten vielleicht 12 Pf., für den Abguß also 2 Pf. einschließlich Gießen. Die glatten Bohrungskerne werden auf der Strangpresse gemacht und auf Längen geschnitten, kosten also höchstens 0,5 Pf. das Stück. Der sandgeformte Abguß kostet demnach ungeputzt an Former- und Kernmacherlöhnen ohne Zuschläge 2,5 Pf. Beim Dauerformguß fällt das Formen fort, das Gießen dagegen muß bezahlt werden, und zwar, da höchstens zwei Abgüsse in eine Dauerform gehen, mit einem Stückpreise von etwa 0,25 Pf. Der Kern muß in die stehende Form eingesetzt, also mit einer Hängemarke ausgestattet werden, er läßt sich daher nicht mehr in der einfachen Weise auf der Strangpresse, sondern nur noch einzeln in der Kernbüchse anfertigen und kostet so etwa 1,5 Pf. von Hand bzw. 1 Pf. auf der Kernformmaschine. Der Abguß kostet also in der Dauerform ungeglüht und ungeputzt im günstigsten Falle 1,25 Pf. an Gießer- und Kernmacherlöhnen ohne Zuschläge. Das Putzen kostet bei beiden Fertigungsarten in der Putztrommel gleich viel. Wenn man also von den sonstigen Kosten zunächst absieht, beträgt in dem Beispielsfalle die Ersparnis an reinen Löhnen beim Dauerformguß 1,25 Pf. je Abguß, oder wenn man die Selbstkosten mit 40,— M.%kg ansetzt, so gestattet die Ersparnis an Löhnen beim Dauerformguß eine Senkung der Selbstkosten um 3,125%.

Beim Vergleiche der sonstigen Betriebsbedingungen von Dauerformguß und Sandformguß erkennt man, wie schnell dies aus der Lohnersparnis errechnete Plus aufgezehrt wird. Zunächst spielt bei den Selbstkosten die Höhe des entfallenden Bruches eine erhebliche Rolle. Beim Formmaschinenguß schlägt man dem Former gewöhnlich 10% für Ausschußrisiko auf seinen Stückpreis auf und der Bruch bleibt tatsächlich durchweg unter dieser Grenze. Beim Dauerformguß dagegen gibt es noch keinen Betrieb, der mit dem Bruchsatze unter 10% läge. Man kann durchweg mit etwa 15% Bruch rechnen, auch in Amerika, obwohl man von dort oft weit niedrigere Zahlen hört. Die Gründe für die höhere Ausschußgefahr beim Dauerformguß gehen aus den vorhergehenden Darlegungen zur Genüge hervor; die Folge ist aber, selbst wenn man nur mit einer Bruchsteigerung von 5% gegenüber dem Sandformguß rechnet, daß die gesamten Selbstkosten um etwa 5% erhöht werden, so daß also, abzüglich der an Löhnen gesparten 3,125%, bereits eine Erhöhung der Selbstkosten um fast 2% sich ergibt.

Auch der Abfall an Spritz- und Laufeisen und vor allen Dingen das Gewicht der abfallenden Eingüsse und Steiger ist beim Dauerformguß, besonders bei sehr kleinen Gußstücken, häufig größer als beim Sandformguß. Denn während in der Sandform bei kleinen Stücken 20—40 Abgüsse an einem Einguß hängen, ist bei der Dauerform die Anzahl der in einer Form unterzubringenden Teile sehr beschränkt, weil bei langen und weit verzweigten Läufen die Gußstücke sehr schlecht auslaufen. Nur der Schleuderguß steht in dieser Beziehung auch wieder günstiger da als der Sandformguß, weil er überhaupt keine Eingüsse verwendet, sondern das Eisen aus der Pfanne unmittelbar durch die Gießrinne in die Form aufgibt.

Eine weitere Verteuerung erfährt der Dauerformguß durch das nachträgliche Glühen, wenngleich die absoluten Glühkosten infolge der hohen Eigentemperatur der Gußstücke und infolge der kurzen Glühdauer nicht so hoch sind, wie vielfach angenommen wird. Vor allen Dingen werden die Glühkosten beeinflußt durch das Verhältnis der wirklichen Betriebszeit zur Leerlaufzeit des Ofens, der mit Rücksicht auf die Lebensdauer des Gewölbes nicht einfach nach Betriebsschluß stillgesetzt und am anderen Tage wieder angeheizt werden kann. Bei kleinen Gußstücken, wie sie dem obigen Rechnungsbeispiele zugrunde gelegt wurden, beziffern sich die Glühkosten auf etwa 2,— M.%kg, so daß damit die Selbstkosten beim Dauerformguß um weitere 5%, insgesamt also schon um etwa 7%, gegenüber dem sandgeformten Guß verteuert werden.

Von entscheidender Bedeutung für die Höhe der Selbstkosten sind aber beim Dauerformguß die Anfertigungs- und Unterhaltungskosten für die Formen. Die Anfertigung einer Dauerform läßt sich in gewisser Weise mit der Herstellung einer Modellplatte vergleichen, doch zeigt sich schon bei den Herstellungskosten ein beträchtlicher Unterschied zu ungunsten der Dauerform. Während aber die Modellplatte bei solider Ausführung jahrelang hält, ist bei der Dauerform die Lebensdauer von vornherein beschränkt und vor allen Dingen so sehr von Zufälligkeiten und Ungleichmäßigkeiten des Werkstoffes abhängig, daß an eine sichere Berechnung und Vorausbestimmung des Formkostenanteiles für den Guß kaum gedacht werden kann. — Die Herstellung der gußeisernen Form für das dem Berechnungsbeispiele zugrunde gelegte Gußstück kostet insgesamt mindestens 200,— M. Wenn die Form nun 1000 gute Abgüsse von 1 kg Gewicht liefert, so beträgt der Formkostenanteil an den Selbstkosten 20.— M.%kg; bei 10000 guten Abgüssen beträgt er noch 2,— M.%kg. Es ergibt sich also je nach der Lebensdauer der Form eine weitere Erhöhung der Selbstkosten um 5—50%. Dabei muß leider zugegeben werden, daß die Anzahl der gußeisernen Dauerformen mit 1000 Abgüssen weit häufiger ist als der mit 10000.

Die Schwankungen in der Lebensdauer der Formen müssen natürlich bei verhältnismäßig kleinen Aufträgen von einigen tausend Abgüssen auf die Wirtschaftlichkeit geradezu vernichtend wirken. Die Folge ist daher, daß sich die wirtschaftliche Anwendung der Dauerformverfahren vorläufig auf die wenigen Fälle beschränkt, in denen der Bedarf an Gußstücken von geeigneter Gestalt und Größe ausreicht, um tagein, tagaus einige tausend gleiche Abgüsse anzufertigen. Bei allen kleineren Aufträgen wird man vorläufig noch besser auf die Anwendung von Dauerformen verzichten, bis die Fortschritte im Schleuderguß vielleicht einen besseren und zuverlässigeren Werkstoff für die Dauerformen gebracht haben.

Es sei denn, daß es schon bald gelingt, die Eigenschaften des Dauerformgusses selbst in der oben angedeuteten Weise zu verbessern und insbesondere die Sprödigkeit des Gusses zu beheben; dann würde sich allerdings ein höherer Verkaufspreis für das Erzeugnis rechtfertigen und damit die erfolgreiche Einführung des Dauerformgusses als eines nach Güte und Preis zwischen Grauguß und Temperguß liegenden Materials ermöglichen lassen.

C. Zusammenfassung.

Es wird eine umfassende Darstellung der bekanntgewordenen Dauerformverfahren einschließlich der Spritzguß- und Schleudergußverfahren gegeben. Die bei der Herstellung von Dauerformen zu beachtenden Maßnahmen und Kunstgriffe werden beschrieben und durch Erfahrungsbeispiele erläutert.

Die im Dauerbetriebe erreichten Höchsttemperaturen der Forminnenschicht werden an einer Stelle, 2 mm unter der Forminnenfläche, bei wassergekühlter Gußform mit 250° C ermittelt. Auf Grund von Vergleichsversuchen und hypothetischen Überlegungen wird als tatsächliche Höchsttemperatur der Forminnenfläche im Augenblicke des Auftreffens des flüssigen Eisens 500—600° C angenommen.

An dem Verschleiße des Werkstoffes in der Forminnenschicht ist ein Schwefelniederschlag hervorragend beteiligt, der während des Betriebes auf der Forminnenfläche entsteht und insbesondere bei gußeisernen Formen eine starke Korrosion bewirkt. Die Kristalle des Phosphideutektikums beteiligen sich an der Auflockerung des Gefüges der Forminnenschicht, indem sie unter der Einwirkung der Gießtemperatur platzen und das sie umgebende Gefüge sprengen.

Die Eigenschaften des Eisendauerformgusses vor und nach dem Glühen werden verglichen und die Bedeutung des Dauerformgusses gegenüber dem sandgeformten Grauguß und dem Temperguß umrissen. Die bisher erschöpften und die noch vorhandenen Möglichkeiten zur Behebung der Sprödigkeit des Dauerformgusses werden untersucht.

Solange die Dauerformverfahren noch in der Entwicklung begriffen sind, darf bei dem Erzeugnis der Vorteil nicht in einer Verbilligung, sondern nur in der Verbesserung des Werkstoffes gesucht werden, so daß der Dauerformguß sich qualitativ und preislich zwischen Grauguß und Temperguß einfügt.

Quellenverzeichnis.

1. Ausschuß für Spritzguß beim A. W. F., Der Spritzguß und seine Anwendung. Berlin 1927.

2. Tour, Sam: Secrecy stays die casting progress. Iron Age, New York **1929**, 52/53.

3. Frommer, L.: Die Untersuchung des Einströmungsvorganges beim Spritzguß. Dr.-Ing.-Diss. der Techn. Hochschule Berlin 1926.

4. Beck, L.: Geschichte des Eisens. Abt. 2. S. 286. Braunschweig 1884.

5. Dwyer, Pat: Dauerform für Gaserzeuger-Aschenschüsseln. Auszug Stahl u. Eisen **1921**, 893.

6. Murphy, J. A.: Durable molds. Druckschrift 2610 der Am. Foundrymen's Ass., 1. Okt. 1926.

7. Sitzungsbericht des Vereins Deutscher Eisengießereien. Stahl u. Eisen **1911**, 163—168. Rolle, H.: Dauerformen in der Eisengießerei. Stahl u. Eisen **1912**, 1209ff.

8. Simmersbach, O.: Neuerungen in Röhrengießereien. Stahl u. Eisen **1908**, 867ff.

9. Irresberger, C.: Dauerformen. Stahl u. Eisen **1909**, 1391ff.

10. Derselbe: Dauerformen. Stahl u. Eisen **1910**, 689.

11. Mehrtens jr., J.: Zur Frage der bleibenden Gußform und ihrer Verwendung in der Gießerei. Gießerei-Ztg **1911**, 133ff.

12. Moldenke, Dr. R.: A new long life mold development. Druckschrift 407 der Am. Foundrymen's Ass., 3. Mai 1923.

13. Anonym: Makes castings continuously in permanent molds. Foundry **1925**, 387—390.

14. Schwartz, H. A.: A permanent mold process. Druckschrift 2610 der Am. Foundrymen's Ass., 1. Okt. 1926.

15. Lewicki, E.: Über Zentrifugalguß. Z. V. d. I. **42**, 719ff. (1898).

16. Pardun, C.: Über die wissenschaftlichen Grundlagen des Schleudergusses. Dr.-Ing.-Diss. der Techn. Hochschule Aachen 1924.

17. Derselbe: Neuerungen auf dem Gebiete des Schleudergusses. Stahl u. Eisen **1925**, 1178—1180.

18. Schüz, E.: Über die wissenschaftlichen Grundlagen zur Herstellung von Hartgußwalzen. Stahl u. Eisen **1922**, 1610ff.

19. Pardun, C.: Bericht über Jahresversammlung der am. Gießereifachleute 1. Okt. 1926. Detroit. Stahl u. Eisen **1927**, 891.

20. Anonym: Notes on permanent molds for cast iron. The Engineer **1925**, 327—328.

21. Anderson, R. J., and M. E. Boyd: Discusses permanent molds. Foundry **1924**, 510—512.

22. Rolle, H.: DRP. 138 803 vom 7. Mai 1901.